Qu'est-ce que l'alchimie ?

« Questions de science »
Collection dirigée par Dominique Lecourt

De l'eau, Paul Caro
L'Art des parfums, Maurice Chastrette
Les Constantes universelles, Gilles Cohen-Tannoudji
La Naissance du sens, Boris Cyrulnik
Le Devenir des climats, Robert Kandel
Qu'est-ce que l'alchimie ?, Pierre Laszlo
Du feu, Adolphe Pacault

Né en 1944, ancien élève de l'École normale supérieure, agrégé de philosophie, **Dominique Lecourt** est aujourd'hui professeur de philosophie et d'histoire des sciences à l'Université de Paris-VII/Denis-Diderot. Il dirige aux Presses universitaires de France la « Nouvelle Encyclopédie Diderot » et la collection « Science, histoire et société ».

Qu'est-ce que l'alchimie ?

Pierre LASZLO

HACHETTE

Responsable éditorial : Benoît Chantre

Pour Sophie, pomme de reinette !

INTRODUCTION

Dans l'alchimie, tout fait question. Où et quand est-elle née ? Y a-t-il encore de véritables alchimistes parmi nous ? Était-ce un vrai savoir, ou le paravent complexe des pratiques frauduleuses de faux-monnayeurs ? Les alchimistes de la Renaissance étaient-ils des hérétiques ? Y a-t-il jamais eu une véritable transmutation des métaux vils en or ? Celle-ci est-elle même réalisable ? Est-il imaginable que Nicolas Flamel, ayant découvert la Pierre philosophale, ait acquis l'immortalité ? L'alchimie est-elle la préhistoire de la chimie ou bien sa tare originelle ? Au seuil du XXIe siècle, n'avons-nous rien à apprendre de cette science occulte absolument discréditée ?

Ces questions sont toutes pertinentes, et ce petit livre s'emploie à y répondre. Il est vrai que l'alchimie fascine. Est-ce davantage par son double objectif – se fabriquer une richesse, se donner une santé éternelle – ou est-ce par l'obstination, la quête spirituelle, les opérations matérielles complexes mises en œuvre par l'adepte ?

La difficulté du sujet est effroyable, et je ne me sens guère apte à y faire face. Ce n'est pas une formule rhétorique creuse. En effet, le langage de l'alchimie est hermétique. Il est à la fois langue symbolique et langue secrète. Les textes alchimiques sont rédigés de manière à être compréhensibles des seuls initiés, ils sont codés. Pour ajouter encore à leur difficulté, leur code n'est pas fixe, mais constamment mouvant. Les mêmes symboles désignent des choses différentes, plusieurs symboles se rapportent au même objet, qu'il s'agisse d'une matière ou d'une opération sur la matière. Afin d'en donner une idée, dans leur opacité comme dans leur séduction, nous examinerons, chemin faisant, quelques planches gravées extraites de *l'Atalante fugitive* de Michel Maier.

L'auteur ne prétend pas comprendre à fond ces textes difficiles. Il apporte à cette présentation de l'alchimie, d'une part, sa formation de chimiste et, d'autre part, un grand respect pour notre histoire intellectuelle, où l'alchimie occupe une place significative. L'alchimie attend encore ses historiens. Les difficultés soulignées ci-dessus sont responsables de leur désaffection. Alors que l'histoire de la physique attire les foules, celle de l'alchimie rebute. Quel dommage, étant donné sa richesse thématique ! Pour le Moyen Âge, par exemple, le débat alchimie-scolastique, tout aussi intéressant que son versant cosmologique, attend encore son Edward Grant ou son Marshall Clagett.

Ce n'est donc pas une histoire de l'alchimie que je donnerai, j'en suis bien incapable, et le format de ce petit livre ne s'y prête pas. Néanmoins, l'alchimie coupée de ses racines historiques est incompréhensible, sauf pour qui a la foi du charbonnier ! Je m'efforcerai donc de suivre quelques-unes des lignes de force, dans un cadre restreint, se refermant arbitrairement en 1789, puisque Révolution française et « révolution chimique » de Lavoisier – j'use de ce dernier terme, contesté par des révisionnistes, après mûre réflexion – coïncident en cette année pivot.

Le livre se présente donc en sept chapitres, suivant la chronologie. Le premier chapitre présente les racines antiques de l'alchimie. Elle nous vient assurément de Chine, *via* les Arabes, les Grecs et les Hébreux, qui y ont joué des seconds rôles de taille. Pour les alchimistes chinois déjà, l'or potable, prétendu assurer l'immortalité, est associé à diverses techniques pour donner à des métaux l'aspect de l'or et pour tenter de les transformer intrinsèquement en métal précieux.

Outre ce double objectif, les alchimistes de l'Antiquité ont eu une vision organiciste de la Terre : les métaux, tout comme les végétaux et les animaux, sont, dans cette pensée préscientifique, nés eux aussi de germes. Leurs gisements dans le sol nourricier sont comparables à des oignons de plantes dans un jardin. Leur croissance nécessite de longues périodes de repos, d'hibernation, de latence.

On trouvera dans le discours de l'archidiacre Claude Frollo, dans *Notre-Dame de Paris* de Victor Hugo, une belle transcription de cette croyance en la croissance végétale des métaux. L'alchimiste, dans sa tâche prométhéenne de recréation des métaux, cherche à retrouver leurs conditions de naissance, pour accélérer le processus et le simuler en laboratoire.

D'autre part, l'alchimie – et c'est l'une de ses beautés, que la physique des particules préserve aujourd'hui – postule l'unité, la simplicité ultime de l'ensemble du savoir. Ainsi tous les objets du monde physique – astres, métaux, parties du corps – sont-ils engagés dans un réseau de correspondances. L'alchimiste de l'Antiquité tient ainsi le soleil et la lune pour responsables, par leur rayonnement, de l'engendrement par la Terre de l'or et de l'argent. Aujourd'hui, nous nous sommes détournés de cette classification naïve des objets de la science comme d'une métaphysique sans objet, mais qui conserve pour nous l'intégralité de sa charge poétique.

Le second chapitre traite de la période médiévale. Nous sommes redevables aux Arabes de la transmission de tout ce corps de savoir, hérité de l'Antiquité grecque et égyptienne, ainsi que de la Chine.

Nous raconterons ensuite l'invention par les alchimistes chrétiens, à l'abri de leurs monastères, du laboratoire, innovation déterminante pour la science occidentale. Des alchimistes médiévaux ont, avec courage et fermeté, prôné, contre la scolastique, le recours à l'expérience.

Ce n'est pas l'unique apport de l'alchimie médiévale, et, pour cette raison, un autre chapitre traite de la découverte d'une technique de purification de l'alcool, et de son application à l'extraction des essences de plantes, utilisées par la suite à des fins médicinales. De la sorte, l'alchimie s'est incorporé, au XIVe siècle surtout, un vaste savoir traditionnel de la culture populaire, relatif à la santé par les plantes. L'industrie pharmaceutique redécouvre à présent ces vastes ressources des substances naturelles, aux principes actifs biologiques très variés.

Le quatrième chapitre a trait à une séduction mutuelle, durant la brève période de la Renaissance. Les lettrés humanistes, tels que Marsile Ficin, Pic de la Mirandole ou Rabelais, découvrent l'alchimie et en font un humanisme. Ils étudient des textes lointains, dans le temps et dans l'espace, et œuvrent de la sorte au rapprochement des cultures.

J'ai rassemblé dans le chapitre suivant quelques portraits de ces hommes à la quête incessante d'une vérité, de ces agitateurs intellectuels, de ces hommes de l'itinérance, aux vies singulières. J'avoue marquer une préférence pour Guillaume Postel. Ce mystique, arabisant et hébraïsant, trouva dans l'alchimie une symbolique du lien spirituel. Il se qualifiait de « charbon de Dieu » : de même qu'un rameau vert devient, au feu, charbon de bois, l'âme de l'adepte devait passer, selon lui, par la mortification de l'Œuvre au noir, avant de parvenir à la rédemption.

L'alchimie ne disparaît pas brutalement : deux siècles durant, aux XVIIe et XVIIIe siècles, étonnamment, elle coexiste avec la chimie naissante. L'un des épisodes les plus étranges est celui de l'œuvre alchimique secret de Newton. On peut comparer l'effort gigantesque que produisit ce très grand esprit pour explorer à fond, méthodiquement et avec toutes les ressources de son génie, un savoir très particulier à la tentative, tout aussi apparemment vaine, du linguiste Saussure pour élaborer une science des anagrammes. Dans le cas de Newton, l'alchimie était aussi, et surtout, quête spirituelle, effort de déceler davantage des intentions du Créateur.

Le dernier chapitre traite enfin des divers legs de l'alchimie. Le chimiste que je suis ne peut éviter de constater combien sa discipline est redevable à l'alchimie de techniques toujours utilisées, la distillation en premier lieu, et, davantage encore, de concepts, telle l'union des contraires. L'alchimie a vivifié de nombreux autres domaines, la littérature par exemple. Et mon petit livre s'achève par l'évocation de quelques œuvres majeures, d'inspiration alchimique.

I

L'ANTIQUITÉ

L'alchimie met en jeu trois constantes du tempérament humain : cupidité, crainte de la mort et respect des Anciens. Pourtant, si elle se réduisait à ces trois composantes, elle n'aurait pas grand intérêt, guère davantage qu'un journal dont on ne lirait que les pages consacrées aux cours de Bourse, à la santé et aux commémorations. L'alchimie fut aussi la vision du monde naturel, préscientifique et mystique à la fois, que de très grands esprits produisirent. Elle est aux origines de la science chimique, de la médecine psychosomatique, des médecines naturelles, de la chimiothérapie, et, plus encore, occupe une place importante dans notre histoire intellectuelle.

La Chine

L'alchimie plonge ses racines dans la Chine ancienne. On s'en persuade à la lecture de la somme monumentale de Joseph Needham, *Science and Civilization in China.* Dans la philosophie de la nature chinoise, le cosmos est conçu comme un organisme gigantesque. Suivant leur nature, les différentes parties de cet organisme ont (ou n'ont pas) des accointances, sont (ou ne sont pas) en interaction.

La pensée chinoise établit une analogie avec des résonances sonores, des harmonies musicales : « Lorsqu'on accorde un luth, la note *kung* ou *shang* émise appelle une réponse d'autres instruments à cordes voisins, sous forme aussi d'une note *kung* ou *shang,* que ces autres instruments de musique émettent d'eux-mêmes. [...] Au hennissement d'un cheval répond le hennissement d'un autre cheval. » Ces exemples de sympathies entre divers objets naturels figurent dans un traité composé par Tung Chung-Shu, vers 135 av. J.-C. Celui-ci répartit êtres et choses entre diverses catégories. Pour ce grand penseur de la période des Han, les phénomènes physiques – pour leur donner une appellation occidentale – proviennent de résonances entre espèces de même catégorie, comme dans les exemples ci-dessus.

L'alchimiste dans son microcosme, à l'affût de ces harmonies, les voit soumises aux fluctuations de l'ensemble de l'univers, sujet à la pulsation cosmique du Yin et du Yang. Aussi l'une des tâches que se donne l'alchimie chinoise est-elle de construire des classifications systématiques des espèces naturelles, telles que les métaux et les minéraux, en fonction de leur caractère mâle ou femelle et de leur appartenance à la série Yin ou à la série Yang. Cela donne lieu, par exemple dans le *Huai Nan Wan Pi Shu,* vers 120 av. J.-C., à de longues listes de sympathies et d'antipathies. L'alchimiste les utilise pour établir des recettes de toutes sortes : amulettes conjurant le sort, remèdes contre les maladies, élixirs de longue vie... S'y trouvent aussi des recettes ayant trait aux métaux, telle la précipitation du cuivre à partir de ses solutions. Plus tard, au IIIe siècle apr. J.-C., des traités de minéralogie fournissent une présentation des soixante-douze métaux et minéraux connus suivant leur caractère Yin ou Yang et selon leur appartenance à l'une ou l'autre des vingt catégories conceptuelles.

L'Égypte

L'alchimie égyptienne, qui revêtira une importance symbolique exceptionnelle à la Renaissance, nous reste mal connue. Néanmoins, d'étonnantes ressemblances la placent dans la continuité de l'alchimie chinoise, qui se serait transmise par l'Inde vraisemblablement.

Cela est vrai de la production de Bôlos de Mendès, qui vivait à Mendès, dans le delta du Nil, entre 200 et 150 av. J.-C. Il fut l'initiateur de toute une série de manuscrits protochimiques du début de notre ère, attribués à des auteurs tels que le pseudo-Démocrite et Marie la Juive. C'est une littérature relative à la teinture ainsi qu'à des techniques de manipulation des métaux, pour leur donner l'aspect de l'or (« aurifiction ») ou les « transformer » en or (« aurifaction »).

Les opinions de Bôlos sur les sympathies et les antipathies faisaient écho à des conceptions chinoises analogues, y compris dans leur présentation, présentant un même mélange d'observations précises, par exemple sur les attractions dont l'ambre ou la magnétite font preuve, et de recettes magiques, comme la prétendue répulsion des serpents pour la salive d'un homme qui jeûne...

Les artisans travaillant l'or étaient sous la dépendance d'un groupe de prêtres du culte du dieu Ptah, à Memphis, dieu des artisans, joailliers et fondeurs d'or. Les Égyptiens savaient comment plaquer l'or, ils possédaient aussi, au début de notre ère, la technique de la dorure à la feuille. En outre, ils pratiquaient la coloration en surface de ce métal, soit par des vernis, soit par des liquides corrosifs.

Deux papyrus, l'un conservé à Leyde, l'autre à Stockholm, nous ont transmis en grec de nombreuses recettes alchimiques « égyptiennes », de cette période. On trouve par exemple dans le premier, qui date vraisemblablement du IIIe ou IVe siècle apr. J.-C., sans doute sous le règne de l'empereur Constantin (306-337), de nombreuses recettes pour abaisser le titre d'un alliage d'étain ou de cuivre, ainsi que des méthodes d'affinage de divers métaux, dont l'or, par cémentation (traitement d'un métal à chaud par un autre corps, pour modifier ses propriétés) :

« Teinture de l'or, en sorte qu'il devienne de bonne qualité : misy [un composé de fer et de soufre, nommé pyrite de fer, en provenance de Chypre], sel et vinaigre de purification [acides produits lors de la cémentation de l'or]. Mélangez tout et jetez dans un récipient l'or [...] dans les drogues. Jetez et laissez un certain temps, puis enlevez du récipient, chauffez sur des charbons et jetez-le à nouveau dans le récipient où se trouve la drogue précitée. Faites cela assez souvent jusqu'à ce qu'il devienne de bonne qualité. »

À cette époque déjà, l'alchimie sentait le soufre ! L'empereur romain Dioclétien (règne : 284-305) fit, selon la légende, un grand brasier de manuscrits alchimiques, « parce que les Égyptiens lui causaient des troubles. Il les tua sans pitié et, cherchant des livres anciens sur l'alchimie, il les détruisit par le feu, pour empêcher que les Égyptiens n'amassent des richesses par ce talent et, se fiant à ces ressources copieuses, n'osent faire la guerre aux Romains à l'avenir ».

Le monde hellénistique

Tout un corpus de manuscrits grecs fait la jonction entre l'alchimie égyptienne et l'alchimie arabe. Un personnage clé est Zosime de Panopolis, qui écrivit vers 300 apr. J.-C. On sait avec certitude qu'il est antérieur à 390, car ses écrits font référence au temple de Sérapis, à Alexandrie, détruit à cette date. Zosime, approximativement contemporain des papyrus de Leyde et de Stockholm, se place dans la postérité des alchimistes égyptiens et situe en Égypte l'origine de l'alchimie.

Il s'agit d'un alchimiste archétypique, dont les écrits mêlent les deux dimensions de l'alchimie : matérielle et spirituelle. On peut ranger sous le premier registre sa description d'un appareil à distiller, la distillation des œufs ou encore sa description critique, dans une lettre à sa sœur Théosébie, de la teinture d'un métal.

Comme Needham l'a fait remarquer, les textes de Zosime proposent des amorces de classification systématique des substances, comme ceux de l'alchimie chinoise. De même, Zosime fait allusion à l'affinité (il parle de « consanguinité ») de substances entre elles, comme celle du mercure avec l'étain, par amalgame, comme nous dirions aujourd'hui, ou de la magnétite avec le fer.

Du second registre relèvent des textes « inspirés », des révélations occultes, des scènes oniriques faisant penser à ce théâtre de la mémoire auquel des auteurs romains comme Cicéron ou Quintilien recommandaient à l'orateur de s'exercer, pour se souvenir des chaînons de son argumentation :

« Je vis un prêtre debout devant un autel en forme de coupe, ayant plusieurs degrés pour y monter. Le prêtre répondit : " Je suis le prêtre du sanctuaire et je suis sous le poids de la puissance qui m'accable. Au point du jour, il vint un employé qui me saisit, me tua avec un glaive, me divisa en morceaux ; après avoir enlevé la peau de ma tête, il mêla les os avec les chairs et me calcina dans le feu, pour m'apprendre que l'esprit naît avec le corps. Voilà la puissance qui m'accable. " Pendant que le prêtre parlait ainsi, ses yeux devinrent comme du sang, et il vomit toutes ses chairs. Je le vis se mutiler, se déchirer lui-même avec ses dents et tomber à terre. Saisi de terreur, je me réveillai, je me mis à réfléchir et à me demander si c'était bien là la composition de l'eau. Et je me félicitai moi-même d'avoir deviné juste. »

« La Table d'émeraude »

La Table d'émeraude, Tabula smaragdina en latin, est l'un des maîtres textes de l'alchimie. L'exemplaire le plus ancien se trouve dans le papyrus dit de Leyde, qui date du Ier ou du IIe siècle apr. J.-C. et qui fut découvert dans une tombe de Thèbes, en

Égypte. L'écriture en est paléo-hébraïque ou phénicienne.

Le texte est en relation directe avec la métaphysique juive. On peut aussi y voir une correspondance avec « l'Arbre de Vie », figure de la mystique juive, récurrente dans la Kabbale. Moïse de Léon, dans le *Zohar,* au XIIIe siècle, le décrira comme un arbre inversé, aux racines célestes, aux branches porteuses de lumières divines, ou *Sefiroth,* irradiant vers le bas, dans la sphère de l'existence terrestre.

Citons quelques versets de *la Table* : « Ce qui est en haut est comme ce qui est en bas, et ce qui est en bas est comme ce qui est en haut. [...]

« Toutes choses procèdent d'une seule essence, la plus secrète de toutes les choses secrètes, par arrangement de cet Être Unique.

« Le père de cette très secrète essence est le soleil, et sa mère est la lune, et le vent l'a portée sur ses ailes, sa nourrice est une terre spirituelle. [...]

« Séparez la terre spirituelle du corps dense par une chaleur douce. »

En voici à présent une version de la fin du XIXe siècle : « Il est Vrai, Il est Certain, Il est Réel : Que Ce qui est en Bas est Comme Ce qui est en Haut, Et Ce qui est en Haut Comme Ce qui est en Bas : Pour l'accomplissement des Merveilles de la Chose Unique. Et, de même que toutes Choses se sont faites d'un Seul, par la Médiation d'un Seul :

Ainsi Toutes Choses sont Nées de cette même unique Chose, par Adoption. [...]

« Il monte de la Terre au Ciel, et derechef il descend du Ciel en Terre, et il reçoit la Force des Choses d'En Haut et d'En Bas. Ainsi tu auras la Gloire de l'Univers entier ; par là toute obscurité s'enfuira de Toi. [...]

« Ainsi l'Univers a été créé. [...] »

À la lecture d'un tel texte, dû à F. Jollivet-Castelot (*Comment on devient alchimiste : Traité d'hermétisme et art spagyrique basé sur les clefs du Tarot,* Paris, 1897), il apparaît que l'alchimie est, ou bien un ramassis d'élucubrations insensées et incompréhensibles, ou bien constituée par des textes sacrés inabordables par le profane sans un commentaire explicatif, donné de manière orale par un maître déjà initié à ces mystères. Mais on ne peut éluder, dans la première hypothèse, l'interprétation sceptique, selon laquelle l'alchimie aurait seulement servi à dissimuler des pratiques frauduleuses d'altération du titre des métaux précieux. De sorte que les alchimistes de l'Antiquité auraient été presque exclusivement, selon cette vue incrédule, des faux-monnayeurs.

Recettes pour trafiquer les métaux

Voici une autre recette du papyrus de Leyde, enseignant comment avilir l'argent, c'est-à-dire diminuer son titre : « Prenez du cuivre de Chypre, enlevez la rouille, jetez dessus en quantités égales : quatre drachmes de sel d'Ammon, quatre d'alun, fondez et mêlez une quantité égale d'argent-métal. »

Le sel d'Ammon, originaire de l'oasis du même nom, est vraisemblablement un mélange de gypse, sulfate de calcium et chlorure de sodium. L'alun est un sulfate double d'aluminium et de potassium. Robert Halleux, en traduisant et commentant cette recette, l'explique ainsi : « Le cuivre, décapé de la pellicule d'oxyde, est blanchi par le sel et l'alun, et est fondu avec une quantité égale d'argent. Le doublement est quantitatif. »

Ainsi, les premiers textes alchimiques incluent des recettes diverses pour affiner les métaux ou, au contraire, pour les dénaturer de manière invisible, non évidente. Il importe que le métal ainsi affaibli, ou imité, ait l'aspect du vrai, du métal noble – argent ou or – qu'il copie.

On trouve là l'origine du dualisme entre une substance naturelle, *a priori* admirable, et un produit chimique, un produit de l'art, un *daidalon,* pour utiliser l'un des mots grecs appropriés, c'est-à-dire un artifice, au sens neutre, ou une tromperie sur la marchandise, au sens péjoratif. Dès ses origines, la chimie est donc objet de suspicion. C'est une méthode de contrefaçon, un ensemble de procédés plus ou moins honnêtes pour masquer la véritable nature d'un objet métallique et donner le change. Il va sans dire que cette atmosphère louche a continué d'entourer les opérations de la chimie ; et qu'elle continue de hanter les esprits, prévenus à l'encontre de cette science par ses antécédents alchimiques. La distinction entre produit chimique et substance naturelle continue d'exercer ses ravages.

Correspondances

Comme l'alchimie considère le cosmos comme un Tout, un organisme géant contenant une myriade d'autres organismes, dont l'homme, étant donné qu'elle implique aussi une croyance de type magique à l'adéquation du mot et de la chose, du signifiant et du signifié – nommer, dans cet esprit, équivaut à s'approprier – et qu'elle incorpore un néoplatonisme tout empreint de la mystique pythagoricienne des nombres, elle voit des liens intimes entre divers registres du savoir. Ces correspondances ont en commun le chiffre sept. Elles établissent des rapports entre les sept voyelles grecques, les sept planètes de Ptolémée, les sept couleurs primaires, les sept tons de l'octave, les sept métaux connus des Anciens et les sept organes ou parties du corps. Certains alchimistes, tel Raymond Lulle, faisaient une foule de diagrammes. On peut, à leur instar, imaginer de très nombreuses représentations pour de telles correspondances :

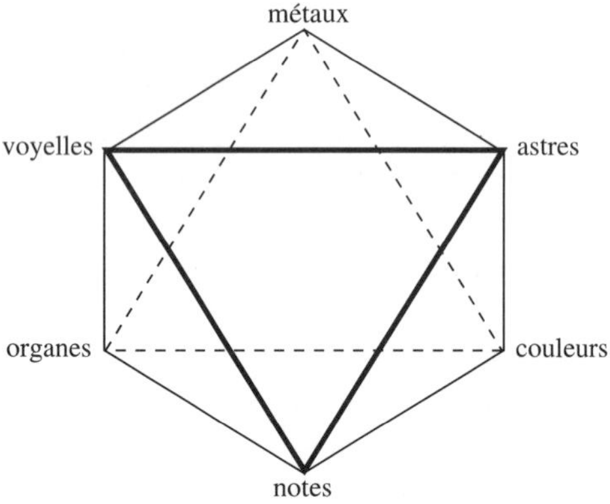

Ces liens traditionnels étaient parfois basés sur l'observation (il est vrai que les astres émettent des lumières différentes), parfois arbitraires (comme, par exemple, les associations métaux-astres : or-Soleil, argent-Lune, mercure-Mercure, cuivre-Vénus, fer-Mars, étain-Jupiter, plomb-Saturne).

Ces tableaux de correspondances formaient un système ouvert. Il était aisé d'y rapporter d'autres pans du savoir, les dieux et déesses de la mythologie, les nombres magiques, les sept mers, les Sept Merveilles du monde, le zodiaque, les jours de la semaine, des procédés divinatoires... Ainsi, entre autres, se manifestait la croyance en une harmonie cosmique, en une harmonie si belle et si prégnante qu'elle naturalisait des faits de culture tels que les jours de la semaine ou les voyelles de la langue qui les avait inventées.

C'était une organisation du savoir qui en vaut bien une autre, faute de mieux. Voire. Nous avons tendance à la tourner en dérision, forts de notre éducation philosophique : ces correspondances confondent une heuristique avec une explication. Elles n'auraient pas dû quitter le plan d'une mnémotechnique, mais ont été prises pour des évidences, conceptuelles et sensorielles à la fois. Un gisement de cuivre ne pouvait provenir, selon cette conception, que de germes ensemencés dans la terre par des rayons issus de Vénus.

Par ailleurs, pourquoi sept ? C'est un nombre premier et c'était, jusqu'à la Renaissance, le nombre de métaux et d'astres connus. On lui attribuait une valeur magique. En outre, notre pensée rationnelle peut se réconcilier avec cette apparente aberration de notre histoire intellectuelle grâce à l'explication relativement récente que les psychologues ont donné de l'impérialisme du nombre 7. George A. Miller l'a montré il y a une quarantaine d'années (in *The Psychological Review,* 63, 1956, p. 81-97), le cerveau moud son grain d'environ 2,7 bits d'information. Qu'il s'agisse de se remettre en tête un numéro de téléphone, une liste d'objets semblables, de distinguer des crus au cours d'une dégustation ou de nommer une couleur, il semble que nous sommes aptes à utiliser au maximum de cinq à neuf canaux d'information.

Revenons désormais sur l'une de ces correspondances, celle entre les métaux et les astres, pour préciser l'idée qu'on se faisait, dans l'Antiquité, de la naissance des métaux au sein de la terre.

Génération des métaux

La pensée préscientifique voit les métaux et leurs gisements dans des mines au sein d'une Terre nourricière, puisqu'elle porte aussi les arbres et les autres plantes. L'observation naïve conforte la conception organiciste du monde alors en vigueur. La Terre n'est qu'un organisme géant. Tout comme un arbre porte ses fruits, ou des galles, elle est enceinte de ses métaux. Comment en a-t-elle été imprégnée, d'où proviennent-ils, quelles graines les ont engendrés ?

Pour Aristote, c'était le résultat d'une exhalaison. Une grande partie de l'alchimie alexandrine et médiévale reprend sa notion des deux haleines émanant de la Terre (*Météorologiques,* III, 6, 378 c). La première est sèche : elle produit aussi bien les fossiles que des corps infusibles comme l'ocre, le réalgar (un sulfure d'arsenic, rouge lui aussi) ou le soufre. Le second souffle terrien, vaporeux et humide, est à l'origine de tous les autres minéraux, fusibles et ductiles, ainsi que des métaux.

L'alchimie hellénistique mettait aussi en correspondance les métaux avec les sept planètes du système de Ptolémée : ils étaient des émanations de ces astres, dont la lumière les faisait germer dans le sol. Le parallèle pouvait être poussé très loin entre cette gestation souterraine des métaux et la génération d'un être vivant. Il suffisait, pour produire l'une ou l'autre, d'un germe, d'un sol fertile, d'un souffle de vie d'origine céleste, de temps, ainsi que d'une douce chaleur propice. L'alchimiste cherchera donc, dans son laboratoire-microcosme, à imiter et réunir ces cinq conditions ou ingrédients pour faire naître lui aussi des métaux.

Cette conception perdure encore au XVIIe siècle, comme le montre ce texte, probablement d'Isaac Barrow (1630-1677) : « L'Or est la Semence, dont le Corps doit être ouvert Radicalement jusqu'à son Centre, par son Eau propre fructifiante; ce qui fait qu'à l'aide d'une Chaleur adéquate, comme dans toute Génération, les Particules sont mises en Mouvement, Producteur de Fermentation, et un État plus Noble Prolifère.

« La Nature [de ce Mercure Sophique] doit être entièrement Métallique, ou il ne serait pas Homogène avec l'Or, et ses Parties doivent être très subtiles, ou l'Or ne pourrait être pénétré et dissous radicalement par lui.

« Son Rôle est d'humidifier, dissoudre et altérer chacune des Particules d'Or, devenant avec un seul Corps uni inséparable; prolifique comme l'humidité de la Terre se joignant avec une Semence cause la Génération, et un produit Nombreux. »

Dans cette conception de la naissance des métaux, la condition opératoire primordiale pour l'alchimiste est, semble-t-il, ce « feu doux et constant », cette « lumière invisible », pour répéter un certain nombre de ces descriptifs antinomiques, si importants dans la pensée alchimique.

Bernard Palissy met vigoureusement en doute la possibilité de réussir une telle œuvre démiurgique ; le fait que les alchimistes prétendent y parvenir lui paraît dément : « Car c'est Dieu lui-même qui a jeté la semence des métaux en la terre. Et ils veulent entreprendre de faire une œuvre qui se fait occultement dans la terre, de laquelle ils ne connaissent ni le moyen ni les matières, ni par quelle vertu ni comment, ni en combien de temps la chose peut parvenir à sa perfection » (*Discours admirables, de la nature des eaux et fontaines, tant naturelles qu'artificielles, des métaux, des sels et salines, des pierres, des terres, du feu et des émaux. Avec plusieurs autres excellents secrets des choses naturelles [...]. Le tout dressé par dialogues, esquels sont introduits la Théorique et la Practique,* 1580).

II

LE MOYEN ÂGE

Les Arabes

L'alchimie arabe occupe une place capitale dans l'histoire intellectuelle. Nous lui devons indirectement la Nouvelle Science du XVIIe siècle, et donc la révolution industrielle et, par suite, notre actuelle prospérité. Le discours hostile à l'islam ferait bien de tenir compte de telles évidences premières, plutôt que de se focaliser exclusivement sur la présente montée de l'intégrisme et de justifier par là son racisme ou son ethnocentrisme sous-jacents. Passons. Le double héritage que l'alchimie arabe a reçu, puis transmis, est celui des alchimies chinoise et grecque. Elle a conservé de la première un dualisme fondamental, et la préoccupation d'une pharmacopée efficace. Elle a, d'autre part, maintenu vivace la pensée de nombre de philosophes de la Grèce antique, tout en sauvegardant par leur copie ou leur traduction de nombreux manuscrits de l'Antiquité.

Je choisirai comme représentant de cette alchimie arabe, maillon crucial donc dans la grande chaîne de la science occidentale, Jâbir Ibn Hayyân, dont, suivant l'usage, j'écrirai le nom dans la forme occidentalisée – Geber – sous laquelle son œuvre fut reçue chez nous, au début des Temps modernes. Geber naquit à Tûs (moderne Kûfa), sur l'Euphrate, à environ 150 kilomètres au sud de Bagdad, vers 721 ou 722 apr. J.-C. Il y mourut vers 815. Orphelin de père, il fut envoyé en Arabie, où il étudia le Coran, les mathématiques et d'autres sciences. Il s'établit alchimiste à la cour de Hârûn al-Rachîd et devint l'ami personnel du sixième imâm chiite, Ja'far al-Sâdiq (700-765). Il avait son laboratoire à Tûs.

L'islam garde, aujourd'hui encore, la nostalgie de cette période du califat. Le centre du pouvoir avait été transféré à Bagdad en 750, date qui marque aussi le début de la dynastie des Abbassides. Hârûn al-Rachîd (766-809) fut, à partir de 786, un calife puissant, à la cour fastueuse et raffinée, et son souvenir légendaire marque de nombreux contes des *Mille et Une Nuits.*

Il y eut, avec Geber, conjonction d'une époque d'épanouissement intellectuel, favorisé par un pouvoir politique ferme et puissant, et d'un très grand scientifique, à la pensée bien équilibrée entre théorie et pratique. Comme dans le cas des autres grandes figures de l'alchimie, on crédite Geber d'un nombre important de textes dont il n'a pas été démontré de manière précise et sûre qu'il en était l'auteur. Une grande partie du corpus qui lui est attribué fut écrite postérieurement par des ismaéliens, une secte chiite. Ceux-ci, empreints d'alchimie chinoise pour une raison que l'on ignore, marquèrent ces textes de nombreuses recettes d'élixirs conférant l'immortalité ou la longévité. Et ils les ancrèrent dans un dualisme fort.

Selon la pensée jabirienne, il existe quatre « natures », c'est-à-dire quatre qualités élémentaires dont les combinaisons créent le monde naturel : le sec et l'humide, le chaud et le froid. Les quatre éléments d'Aristote, pour Geber, ne sont pas des principes fondamentaux. Ils résultent de l'association de ces natures par paires ; peu importe le détail. Dans la cosmologie jabirienne, chacune des natures est d'origine alchimique et provient de l'union de « notre Soufre » et de « notre Mercure », ces termes ayant une acception tout à fait différente de celle des soufre et mercure ordinaires.

Les sept métaux sont composés des quatre natures primordiales. Deux coopèrent pour faire le cœur du métal, les deux autres formant son enveloppe superficielle. L'or est froid et sec en interne, mais chaud et humide en externe ; c'est l'inverse pour le plomb. Geber divise les minéraux en trois catégories : les esprits (des corps volatils, comme l'ammoniac ou le camphre), les corps métalliques et les solides non malléables et pulvérisables.

Mais revenons à la combinaison des natures. Celle-ci aboutit idéalement à des états d'équilibre, fixés par des proportions numériques. On reconnaît dans cette notion l'ancêtre de la loi des proportions définies, l'un des fondements de la chimie moderne. Geber avait élaboré toute une théorie numérologique sur l'inscription des neuf premiers chiffres dans le carré magique :

4	9	2
3	5	7
8	1	6

Il conférait un rôle majeur aux nombres magiques 1, 3, 5, 8, 17 et 28 (ce dernier est le nombre de lettres que comporte l'alphabet arabe). La pensée jabirienne établit que chacune des natures primaires s'exprime suivant quatre degrés et sept subdivisions, en un total de vingt-huit existants. Cette mise en correspondance des lettres de l'alphabet et des essences du monde sensible rappelle la Kabbale hébraïque.

Pour les jabiriens, l'or représentait l'équilibre parfait entre les deux principes opposés et complémentaires, le Soufre et le Mercure. Les autres métaux étaient des manifestations de ces deux mêmes principes, mais selon des unions imparfaites.

La chimie d'aujourd'hui a conservé cette complémentarité que Geber, après l'avoir reçue de l'alchimie chinoise, installe durablement dans l'alchimie occidentale. Ces Yin et Yang alchimiques se transformèrent, après le Soufre et le Mercure de l'alchimie pré-paracelsienne, en *acide* et en *base* comme entités complémentaires. Aux XVIIe et XVIIIe siècles, l'image récurrente (abbé Paulian, notice « Chimie » de Venel dans l'*Encyclopédie*) est celle de l'« épée » (l'acide) dans son « fourreau » (la base).

Nous avons donc maintenu cette complémentarité, qui rend impossible toute définition de l'acide sans référence à la base, ou vice versa, et nous l'avons même étendue à d'autres dualismes, tout aussi fondamentaux. L'un d'eux est celui des anions et des cations, tel qu'il s'exprime dans la formulation du chlorure de sodium (NaCl) et des autres cristaux ioniques. Berzélius fut à l'origine de ce dualisme électrochimique. Citons aussi, plus près de nous, la distinction posée par Ingold dans les années 1930 entre l'électrophile et le nucléophile, prolongeant, pour la problématique du mécanisme de réaction, une généralisation de la notion d'acide et de base faite par Gilbert N. Lewis.

Citons enfin une généralisation encore plus ample de ce dualisme de l'électrophile et du nucléophile. Ce dernier avatar du Mercure et du Soufre de Geber, dont l'antagonisme et l'union mâle-femelle déterminent la constitution de la matière, s'exprime dans l'interaction des molécules. La liaison chimique est décrite, dans le formalisme des orbitales-frontières, comme faisant intervenir deux niveaux d'énergie complémentaires, aspirant l'un à l'autre, voisins mais différenciés, l'un vacant, l'autre occupé par une paire d'électrons.

En parallèle avec cette théorie du Soufre et du Mercure, Geber et les jabiriens ont introduit une pratique du laboratoire qui a beaucoup fait pour asseoir la science comme une activité pas seulement spéculative et métaphysique, mais basée sur l'observation et l'expérimentation. C'est à Geber, semble-t-il, que l'on doit la découverte de composés tels que le blanc de plomb, un carbonate basique, et de préparations telles que celle de l'acide nitrique. En outre, les jabiriens ont innové par leur recours à des substances naturelles comme ingrédients de l'Œuvre : le sang ou les os, l'urine (d'animaux tels que le lion ou la gazelle sauvage), l'oignon, le jasmin, les olives, le poivre, l'anémone...

Ce recours à des substances élaborées par des organismes s'avère, du moins rétrospectivement, une initiative inspirée. Tant que la protochimie se limitait à prendre des minéraux pour ingrédients, elle était frappée de nullité, car elle ne pouvait que très malaisément parvenir à des résultats reproductibles. Tel sulfure de cuivre, pourtant minéralogiquement bien défini, n'est pas identique selon sa provenance. Des impuretés souillent et signent un échantillon et le différencient d'un autre, même extrait de la même veine. Étant donné le rôle catalytique de telles impuretés, cela compromet la fiabilité des observations. Les physiciens d'aujourd'hui ont un problème similaire. Pour faire des transistors ou des puces, ils sont même obligés de fabriquer des monocristaux, d'où d'ailleurs l'appellation de Silicon Valley.

En revanche, il est génial – même si Geber, dans une tout autre configuration intellectuelle, y eut recours pour d'autres raisons – d'utiliser un organisme, animal ou végétal, comme filtre. Une écorce de bouleau, un œuf de poule, du lait de gazelle sont autant de produits à composition fixe et quasi invariable. Avec cette innovation majeure, la recette devient protocole expérimental, procédure transférable d'un laboratoire à n'importe quel autre.

Nous verrons aussi comment cette tradition jabirienne, entre les mains des alchimistes pseudo-lulliens qui mirent au point la purification de l'alcool et l'appliquèrent à l'extraction de la quintessence, devint, à l'inverse, un fructueux moyen d'analyse.

Le monde latin

Robert de Chester traduisit le premier manuscrit alchimique arabe en 1144. C'est la première introduction des écrits hermétiques, et de la figure énigmatique de leur prétendu auteur, Hermès Trismégiste, auprès des intellectuels du Moyen Âge.

Le XIIe siècle voit ainsi la traduction de nombreux manuscrits arabes. Tolède est l'un des centres les plus actifs. Par exemple, Domingo Gonsalvez rédige, entre 1130 et 1150, une paraphrase du *Kitab ihsa' al-'ulum* d'al-Fârâbî (870 ?-950 ?), où l'alchimie est définie comme « science de la conversion des choses en d'autres espèces ».

L'alchimie médiévale se développe pour l'essentiel au XIIIe siècle. Durant ce siècle, la pensée arabe fertilise celle des pays latins, dont l'alchimie se focalise graduellement sur le problème de la transmutation des métaux.

Le néoplatonisme médiéval, transmis par les Arabes, voyait dans la nature le miroir du monde idéal de l'Esprit-Saint. Cette conception, permettant de réconcilier aisément la religion et l'observation scientifique de la nature, fut à la source de la rédaction d'innombrables *Miroirs du monde.* Dans l'un d'eux, le *Speculum majus,* une énorme encyclopédie compilée entre 1244 et 1259, Vincent de Beauvais (?-1264) intègre l'alchimie parmi les arts mécaniques. Il la décrit comme « utile au travail des métaux, parce qu'elle examine leur nature, leur mélange, leur décomposition et leur transmutation ».

Le néoplatonisme donnait un cadre intellectuel aux recherches de l'alchimie et permettait de l'intégrer au nombre des disciplines reconnues du savoir. La géométrie et l'arithmétique pythagoriciennes fournissaient un langage commun à celles-ci. Qu'il s'agît d'architecture et de la construction des cathédrales, de musique polyphonique ou des ingrédients de l'Œuvre alchimique, une numérologie sacrée les sous-tendait.

Au Moyen Âge, l'oratoire est voisin du laboratoire. Des moines pratiquent dans leur monastère l'alchimie sous ses deux formes, matérielle et spirituelle. La première leur fournit un support expérimental à l'émerveillement devant les métamorphoses d'une nature protéiforme, servant de base à son tour à une ascèse mystique, pour la purification de l'initié.

À ce titre, citons plus particulièrement Roger Bacon, moine franciscain du XIIIe siècle (1214-1294), qui œuvrait à Merton College, Oxford, et auteur d'un *Miroir de l'alchimie* et de *Des opérations secrètes de l'art et de la nature, et de la nullité de la magie.*

Que le laboratoire ait germé au monastère n'est guère surprenant. Lieu d'élection pour la vie intellectuelle, le couvent servait aussi de ferme expérimentale, on y trouvait des jardins de simples reproduisant les espèces végétales bénéfiques glanées dans la région. Bref, il s'agissait d'un microcosme privilégié pour progresser dans la connaissance de la nature, miroir de la perfection divine.

Nous sommes redevables aux alchimistes de cette idée révolutionnaire et paradoxale que, pour étudier la nature, il faut d'abord s'en éloigner, puis la recréer dans un environnement artificiel et contrôlé. Les premiers laboratoires connus sont ceux des alchimistes. Ceux-ci ont inventé tout l'appareillage chimique en usage jusqu'au milieu du XVIIe siècle et ont été les premiers à pratiquer la distillation et la sublimation. Ils disposaient d'autres techniques efficaces de purification, qui leur ont permis, comme nous le verrons, d'utiliser l'alcool dans l'extraction de très nombreuses substances naturelles.

Pour en revenir à Roger Bacon, il se fait le chantre et le défenseur de l'alchimie. C'est ainsi que, dans son *Opus tertium,* qu'il adresse en 1267 au pape Clément IV, Bacon lui fait jouer un rôle fondamental dans la philosophie. L'alchimie spéculative est bonne, car elle mène une réflexion sur l'origine des choses inanimées, sur la manière dont elles se sont constituées à partir des éléments. Quant au versant pratique de l'alchimie, la valeur d'une science se jauge, selon Bacon, à ses résultats. Puisque l'alchimiste aboutit à des résultats concrets et palpables, c'est que le raisonnement sous-jacent est sain. De la sorte, Bacon inverse la perspective vis-à-vis de la scolastique. Celle-ci privilégiait la logique d'une argumentation. Roger Bacon ouvre un lieu d'éclosion à la science expérimentale, en donnant ainsi la préférence aux faits (comme nous dirions) plutôt qu'aux idées.

À la charnière du XIIIe et du XIVe siècle, la figure énigmatique du Majorquin Raymond Lulle (v. 1235-1315) nous arrête. Un peu comme saint François d'Assise, il mène une vie dissipée jusqu'à sa conversion, en 1266, où il a cinq fois la vision du Christ en croix. Il se retire alors sur l'île de Majorque, où il fonde, en 1276, un couvent de frères mineurs, et se lance dans l'étude de l'arabe. Désireux de convertir les musulmans, il consacre neuf ans à cet apprentissage auprès d'un esclave sarrasin. Puis Lulle mène une vie itinérante de propagation de la religion chrétienne et d'enseignement, et fait preuve d'une prodigieuse activité tous azimuts, circulant dans toute l'Europe méridionale et au Maghreb de 1285 à sa mort, par lapidation, à Bougie (ou Palma) en 1315.

C'était un très grand esprit, informé de tout le savoir de son époque. Rationaliste mystique, doté d'une confiance immodérée dans les pouvoirs de la raison, qui était pour lui le Grand Art par excellence, il mit au point un système révolutionnaire pour élaborer mécaniquement des arguments logiques. Il fut aussi un pionnier des schémas scientifiques, par toute une symbolique basée sur une combinatoire kabbalistique des lettres de l'alphabet. Théologien, philosophe et mystique, doté d'un savoir encyclopédique, il inclut l'alchimie dans ses préoccupations, bien que ce fût uniquement pour la combattre. Le paradoxe est que ses disciples ont fait de lui un maître que, manifestement, il n'a jamais voulu être.

Il est difficile d'aller plus avant dans la description de sa pensée authentique. En effet, toute une école se réclama de Lulle, et les écrits pseudo-lulliens pullulèrent. Pas moins de cent quarante-trois œuvres alchimiques lui sont attribuées, mais toutes à titre posthume ! Les écrits lulliens décrivent le monde suivant une structure ternaire : une matière primordiale, le « vif argent », ou Mercure, a donné naissance à l'ensemble des choses, puis s'est subdivisée en corps angéliques, corps célestes et corps terrestres.

Dans ces derniers, une partie du Mercure a pris la forme des quatre éléments d'Aristote, l'eau, la terre, l'air et le feu. Mais une autre partie a subsisté comme un esprit subtil pénétrant toutes choses : la quinte essence, ou quintessence, sur laquelle nous reviendrons.

III

LES ACQUIS DE L'ALCHIMIE MÉDIÉVALE

L'alcool

La distillation et la purification de l'alcool ont joué un grand rôle dans l'alchimie occidentale. La distillation du vin fournissait une eau ardente, une eau-de-vie qui, au XIIIe siècle, commença à être utilisée à des fins médicales. On le sait par une description d'Arnaud de Villeneuve (v. 1240-v. 1312) vers 1310. Mais ce liquide n'avait guère d'applications alchimiques, jusqu'à deux découvertes majeures qu'on trouve dans le gigantesque corpus des écrits attribués à Raymond Lulle.

La première fut la manière de purifier cette substance. On trouve ces indications dans le manuscrit en hébreu d'un médecin juif (BNF, fonds hébr., 1207) vivant en Espagne au XIVe ou au XVe siècle : « Il vous faut prendre l'eau qui monte du vin dans un récipient à distiller très clair. Laissez-le monter au moins quatre fois dans l'alambic pourvu de nombreux tubes ascendants et descendants, car plus il monte et davantage il sera purifié. »

À ce premier stade de distillation et redistillation qui, selon toute vraisemblance, fournissait de l'alcool à 90 ou 95°, les alchimistes médiévaux faisaient succéder plusieurs mois d'incubation au tiède dans un récipient en verre. Citons ce même manuscrit : « On le place dans un récipient en verre, fermé hermétiquement, dans du fumier de cheval. Après quatre mois, on l'en retire et on en transfère soigneusement le contenu, en abandonnant le sédiment, dans un autre récipient. On l'enterre à nouveau durant quatre mois, et encore quatre mois, jusqu'à atteindre une année entière. Et on l'en retire, sans trouver dans le fond du récipient la moindre poussière, tant il a été purifié. Et son odeur s'exhale comme s'il venait du Jardin de l'Éden. »

Mon interprétation de cette procédure de purification est que l'eau subsistant dans le mélange azéotrope, c'est-à-dire dont la température d'ébullition, à pression ordinaire, est constante – un tel mélange est inséparable par simple distillation – l'eau donc, au contact des parois en verre, les dissout en surface. Lavoisier avait déjà étudié et expliqué ce phénomène, qui fit pourtant croire de nombreux chimistes, à la fin des années 1960, à la suite du russe Derjaguine, à une eau polymérique. Je pense donc que le sédiment est un gel de silice et qu'en répétant cette opération plusieurs fois on doit pouvoir obtenir de l'alcool très pur.

Le mot *alcool* vient de l'arabe *'âl kuhl,* qui désigne à l'origine la poudre d'antimoine (donnant aussi le « khôl » immémorial des élégantes à l'œil ténébreux) ; ce n'est qu'avec Paracelse (v. 1493-1541) qu'il prend le sens que nous lui connaissons. Lorsque Paracelse introduit le terme *alcool,* il veut dire par là « la partie la plus subtile de quoi que ce soit ».

La quintessence

Les alchimistes médiévaux cherchaient ce qu'ils nommaient la *quinta essentia,* un esprit subtil répandu dans l'ensemble de la nature et venant s'ajouter aux quatre éléments. Toutes les distillations de très nombreux corps qu'ils avaient faites pour en extraire l'« esprit » avaient échoué à isoler cette quinte essence.

C'est l'alchimie lullienne qui y parvint, en découvrant que l'alcool, l'eau-de-vie qu'elle venait de purifier, se révélait capable d'extraire des plantes toutes sortes de substances aromatiques volatiles. Il suffisait pour cela que cette eau ardente, dont l'opérateur testait le degré de purification par son inflammabilité, atteignît un état de grande pureté.

Les alchimistes soignaient déjà les maladies par des distillats de plantes. Le manuscrit hébreux du

XIIIe ou XIVe siècle dont il a été question plus haut donne ainsi les recettes d'une longue liste de médicaments, appropriés à toutes sortes de pathologies et élaborés par distillation à partir de fleurs, de fruits, de graines ou d'épices. Pour en donner un aperçu, voici un remède pour la cataracte :

« Prends des fleurs de romarin, dont tu auras ôté les feuilles, place-les sur un tapis pour les éventer deux jours durant et mets-les alors dans un flacon, à ne pas remplir complètement, mais à obturer d'une feuille de plomb, et sous lequel tu auras appliqué de la glaise des philosophes, mets-le dans le jardin dans un trou rempli de sable très fin et laisse-le reposer quatre-vingt-dix jours d'été. Ouvre ensuite le flacon, tu trouveras les fleurs ramollies comme du miel, et distille-les dans un récipient de verre, et conserve le distillat pour le boire et pour en mettre dans les yeux. »

Le même manuscrit indique comment faire la quinte essence par mélange, et un tel distillat à partir de diverses denrées comestibles, viandes, fruits ou fines herbes, à raison d'une partie pour cent parties d'alcool.

Au XIVe siècle, un traité lullien, écrit sans doute par un certain Raymond de Tárraga, est également consacré à cette question. C'est ce traité que copiera le moine franciscain Jean de Rupescissa durant son emprisonnement par le pape Innocent VI en Avignon, avant d'être envoyé au bûcher, en 1372 semble-t-il, par le pape Grégoire XI. Dans *De la Quintessence,* Rupescissa précise que l'eau ardente (l'alcool) extrait la quintessence du bois, des fruits, des racines et des fleurs. Ces solutions alcooliques assimilent de la sorte les propriétés galéniques des simples. Elles servent à restaurer l'harmonie des quatre humeurs par leurs vertus expulsives.

Nous nous régalons toujours de liqueurs telles que la Chartreuse ou la Verveine du Velay, faites pour l'essentiel suivant un procédé identique aux quintessences du XIVe siècle. La plus ancienne liqueur connue, la Bénédictine, fut inventée en 1510 par Dom Bernardo Vincelli, qui avait une expérience de chimiste.

La panacée

L'alchimie occidentale de la Renaissance héritera de l'alchimie chinoise, *via* les Arabes (le mot « élixir » en est la trace) et l'alchimie médiévale, la double attente d'une chrysopée et d'une panacée. Les deux objectifs sont étroitement liés. Les métaux ordinaires sont des avatars imparfaits, malades, de l'or. Il faut donc trouver un remède pour les guérir. La pierre philosophale est une médecine universelle, à laquelle on attribue ce double pouvoir.

En sens inverse, l'or, métal inaltérable, est le modèle de l'incorruptibilité, de la résistance au mal et à la mort. Qui s'incorpore l'or, en une croyance magique, accède à l'immortalité. D'où tous les procédés de mise en suspension colloïdale de paillettes d'or dans un liquide, pour en faire de l'or buvable, potable. L'ingérant s'assurera longue vie et préviendra diverses afflictions.

Les auteurs de la Renaissance se placeront souvent dans la tradition d'Arnaud de Villeneuve – un alchimiste quasi mythique dont la paternité des écrits est loin d'être assurée – dont l'élixir avait été adroitement vanté comme une substance merveilleuse, apte à conserver la santé, chasser les maux et, tout en même temps, transmuer les métaux vils. On trouve le même genre d'assertions sous la plume du pseudo-Lulle dans le *Testament*.

L'alchimiste est donc en quête de cette médecine universelle, définie souvent de manière panthéiste, comme véritablement protéiforme. Johann Heinrich Alsted (1588-1638), dans son énorme *Encyclopoedia* de 1630, le décrira comme « l'esprit du monde qui, lorsqu'il s'introduit dans le principe d'une laitue, devient laitue ; lorsqu'il s'introduit dans une rose, devient rose ; lorsqu'il s'introduit dans du sel, du soufre, de l'or, un arbre, un animal, devient sel, soufre [...] ».

Outre l'or potable, et toutes les versions du Mercure philosophique, les alchimistes mirent au point et utilisèrent des panacées de toutes sortes, plus toxiques les unes que les autres est-on tenté d'écrire ! L'une d'elles fut l'antimoine, couramment utilisé par les médecins de la Renaissance. Dans son *Char triomphal de l'antimoine,* Basile Valentin y verra à la fois la réunion des trois principes paracelsiens, et une panacée.

Les phases de l'Œuvre alchimique

Le moment est venu de présenter les opérations de l'Œuvre et d'évoquer leur signification pour l'adepte. Elles se répartissaient en trois stades : *nigredo,* ou « l'Œuvre au noir », puis *albedo,* ou « l'Œuvre au blanc », et enfin *rubedo,* ou « l'Œuvre au rouge ».

L'Œuvre au noir comptait six opérations successives. La première était la calcination, dans laquelle les matières métalliques utilisées étaient déchues à la condition de non-métal, d'une matière informe. Le traitement d'un métal comme le cuivre par certaines solutions, celles riches en sulfures en particulier, lui fait perdre son aspect métallique. Il devient une masse noire de sulfure de cuivre. S'il s'agissait d'or et/ou d'argent, la première réaction de ces matières premières avec les acides était suivie d'une distillation à sec.

Venait alors la dissolution, pour remettre en solution les substances sèches. Cette opération est parfois dénommée *salsatura,* ou « marinage ». La dissolution de l'or dans l'eau régale (mélange d'acide chlorhydrique et d'acide nitrique) représente les tourments et les humiliations de l'âme souffrante et impure sur le chemin de la rédemption.

La troisième opération est la coagulation. L'alchimiste distille à nouveau le liquide séparé des résidus métalliques. Il effectue sept fois de suite cette redistillation.

On opère alors, soit une sublimation, soit la conjonction. Le composé mâle-Soleil-or fournit trois parties de son « eau » ; son complément femelle-Lune-argent, neuf parties. On les combine, on obture le récipient, et on le chauffe à feu doux pendant de longs mois.

Succède la putréfaction : la matière devient épaisse et ténébreuse, fait des bulles, donne toutes les apparences d'une putréfaction. C'est comme une nuit profonde, un voyage en enfer, durant lequel l'alchimiste se pénètre de tous les péchés de l'homme. Cette phase de pénitence est un processus cathartique essentiel à l'Œuvre.

Son terme s'annonce par le retour des couleurs. Des couleurs brillantes, l'arc-en-ciel dirait-on, se font jour. Elles se montrent dans le même ordre que les couleurs successives du ciel au lever du jour. Cette phase est souvent dénommée *cauda pavonis,* « la queue du paon ».

Intervient alors la sixième opération, la congélation : ces couleurs disparaissent, et la matière devient sèche et blanche, marquant la fin du premier stade.

Les opérations 7 à 12 des Œuvres au blanc et au rouge reprennent les précédentes, hormis la calcination. Elles ont pour objectif la transformation de la Pierre blanche en Pierre rouge et se terminent par la projection, ou conjonction finale, c'est-à-dire l'addition de la Pierre rouge au mercure chauffé, qui la transmue en or.

Attribution des textes

Au Moyen Âge, la compétition entre monastères marque la vie économique, sur laquelle ceux-ci ont un grand poids, et qu'ils balisent de leurs initiatives. Ils rivalisent, autant par prosélytisme, pour recruter des jeunes, que pour attirer le peuple vers leur lieu de culte. Leur recherche de « locomotives », propres à améliorer leur image de marque, va même parfois jusqu'au vol de reliques, comme à Conques, qui devint un lieu de culte très fréquenté à partir de 866, lorsqu'un moine rapporta d'Agen, où il les avait dérobées, les reliques de sainte Foy.

Il en va de même pour l'attribution des textes. Afin que les manuscrits fassent autorité, on les attribue à des auteurs prestigieux. C'est la raison de la prolifération des manuscrits alchimiques attribués à Albert le Grand, saint Thomas, Roger Bacon ou Raymond Lulle. Dans ce dernier cas, le corpus lullien ne compte pas moins de cent quarante-trois œuvres.

À présent que nous pouvons nous aider de l'informatique pour identifier les auteurs individuels par leur style (distribution des termes faisant partie d'un lexique, et syntaxe), qu'attend-on pour appliquer ces techniques au corpus des manuscrits alchimiques médiévaux ? Regroupés par familles, suivant leur inspiration originelle et les tics de calligraphie de tel ou tel copiste, ce premier travail d'organisation serait bien utile aux chercheurs.

IV

LA RENAISSANCE

Néoplatonisme

La Renaissance, en ce qui regarde l'alchimie, s'articule essentiellement autour de trois dates : 1453, prise de Constantinople par les Turcs ; 1492, expulsion des juifs d'Espagne ; 1527, prise de Rome par Charles Quint. L'exode des réfugiés grecs de Byzance, conséquence du premier fait, fit découvrir en Italie, et à Florence en particulier, des manuscrits grecs de Platon et de bien d'autres écrivains, comme Plotin, ainsi que la littérature gnostique des premiers siècles après Jésus-Christ.

Marsile Ficin (1433-1499) découvrit ces manuscrits, s'enthousiasma pour eux et les fit connaître à la cour des Médicis. Nous sommes à l'époque (1469-1492) où Laurent Ier de Médicis (« le Magnifique ») est au pouvoir, s'entoure d'artistes et d'humanistes, dont il encourage les productions. C'est l'apothéose de la Renaissance florentine.

Pour Marsile Ficin comme pour Pic de la Mirandole (1463-1494), autre propagateur du néo-platonisme florentin, l'un des manuscrits grecs qui jouait un rôle prééminent était celui connu sous le nom de *Corpus Hermeticum.* Se donnant comme écrit par un mystérieux sage égyptien, Hermès Trismégiste (sur lequel nous reviendrons), ce texte transmettait une sagesse si ancienne que les humanistes florentins se persuadèrent que son auteur l'avait recueillie des lèvres mêmes du grand Platon. L'assimilation traditionnelle d'Hermès Trismégiste avec Moïse les confortait dans cette idée. Comme Moïse était tenu pour l'auteur de la Genèse, le *Corpus Hermeticum* revêtait par analogie un caractère sacré.

L'expulsion des juifs d'Espagne, seconde date clé, fut responsable de l'afflux en Italie, à la fin du XVe siècle, d'intellectuels juifs. Ils y introduisirent la mystique juive, la Kabbale en particulier, et furent responsables d'un regain d'intérêt pour l'hébreu. Pic de la Mirandole, qui n'avait pas attendu le décret d'Isabelle et Ferdinand pour commencer à élaborer une version chrétienne de la Kabbale, y fut aidé par des juifs espagnols. Il fut instruit en Kabbale par un mystérieux personnage venu d'Espagne, du nom de Flavius Mithridate. Ce dernier l'encouragea à pratiquer une interprétation chrétienne de la Kabbale juive, au point même de trafiquer les textes pour mieux les interpréter dans un sens christologique !

La troisième date, celle de la prise de Rome par les reîtres de Charles Quint, signale une chute d'enthousiasme. Les intellectuels du monde latin, qui avaient vécu jusque-là la Renaissance dans un état d'exaltation intellectuelle, philosophique et quasi messianique, s'assombrirent. Néanmoins, le coup d'envoi était donné à l'alchimie des Temps modernes.

Qu'est-ce qui importe davantage dans ce néo-platonisme de la Renaissance, tel qu'il a été diffusé par Marsile Ficin et Pic de la Mirandole ? C'est un amalgame de la philosophie de Platon et de l'occultisme de l'Antiquité tardive. La pensée alchimique transmise par les Arabes provenait déjà d'un courant néoplatonicien et gnostique des IIe et IIIe siècles. Dans cette tradition, comme nous l'avons dit, la nature n'était qu'un miroir imparfait du monde idéal de l'Esprit-Saint. Plusieurs sphères étaient superposées, une sphère céleste, avec les astres du firmament, une sphère terrestre, où réside l'humanité, et une sphère souterraine, infernale.

Ainsi, pour Marsile Ficin ou Pic de la Mirandole, l'alchimie est une sagesse antique *(prisca theologia)* à retrouver. Elle permet à l'homme de s'élever et de participer de l'Esprit divin. Émuler la Création est l'objectif prométhéen, voire démiurgique, de l'alchimiste. C'est une idée fondamentale pour l'Occident, à laquelle nous devons à la fois notre savoir technique et les menaces qui pèsent sur la planète, par suite de cette prise de contrôle de l'homme sur la nature. Et Marsile Ficin, enthousiaste, se fait l'un des premiers promoteurs de cette idée alors neuve.

Une notion centrale de la doctrine néoplatonicienne est la croyance magique en l'équivalence des mots et des choses. Dire le nom d'un objet, c'est convoquer cet objet, c'est l'appeler à l'existence. La langue n'est pas une institution humaine, elle est d'origine divine. Ainsi la maîtrise des mots, de certains mots sacrés tout particulièrement, confère-t-elle la maîtrise de la nature. Il y a un rapport intime, fort, incompréhensible car donné par Dieu, entre un objet et son symbole linguistique. Une valeur spéciale est accordée aux hiéroglyphes égyptiens. Ces idéogrammes apparaissent aux intellectuels de la Renaissance comme des signes du divin, comme la trace miraculeusement préservée d'une Écriture sacrée.

Frances Yates a donné une nouvelle interprétation de la célèbre gravure de Dürer, *Melencolia I,* faisant suite à celle du très grand historien de l'art Erwin Panofsky, et la réfutant en partie. Pour Frances Yates, Dürer, lorsqu'il la grave en 1514, s'inspire d'un passage de la *Philosophie occulte* d'Agrippa. Ce passage, comme le livre tout entier, est empreint de néoplatonisme et d'occultisme. À preuve, dans cette fameuse gravure, la présence d'un carré magique, dont Yates précise qu'il est celui de Jupiter, que les médecins de l'époque tiennent pour compenser l'influence sombre de Saturne, réputé causer mélancolie et dépression (comme nous disons aujourd'hui). Pour Frances Yates, la gravure de Dürer montre une transe inspirée, dans laquelle la personne soumise à ces visions est protégée par des présences angéliques de divers dangers diaboliques.

Hermès Trismégiste

Le courant hermétique est très fort à la Renaissance. Les érudits humanistes pratiquent les textes du corpus hermétique. Dès 1471, Marsile Ficin avait traduit en latin l'original grec des écrits attribués à Hermès Trismégiste. De nouvelles éditions parurent à Venise en 1481 et 1493. La première traduction italienne date de 1548. La première édition française du texte latin parut à Paris en 1522, tandis que la première traduction française fut publiée à Bordeaux en 1574.

Les intellectuels de la Renaissance, tels qu'Alberti, éprouvent une intense fascination pour tout ce qui provient d'Égypte. Les hiéroglyphes connaissent une très grande vogue grâce à la pluralité de sens qu'ils paraissent véhiculer, et au premier plan leur sens symbolique. G.P. Valeriano avait composé un recueil, *Hieroglyphica,* dédicacé à Côme de Médicis, et les conférences sur le même sujet qu'il donna à Rome connurent un grand succès.

Que sait-on ou, plus exactement, qu'attribue-t-on alors à l'auteur mythique de ces textes, Hermès Trismégiste ? En effet, si, dès 1614, il est prouvé que ces textes sont de facture beaucoup plus tardive, à la Renaissance, on les considère comme consignant les révélations d'Hermès dans les domaines de la théosophie, de l'astrologie, et de l'alchimie. Isis et Osiris n'auraient pu dispenser leur savoir gnostique qu'après avoir accédé à ces textes du Trismégiste.

Qui était-il ? Entre le IIIe et le IIe siècle av. J.-C., on assiste à l'assimilation syncrétique du dieu Thoth des Égyptiens et du dieu Hermès des Grecs. La généalogie qui cristallise alors fait de ce second Hermès le petit-fils de Thoth. Le fils de Thoth, Agathodémon, cela est important, était un dieu duel, chtonien et céleste à la fois. On le représentait sous l'apparence de Chnubis, tellurique par son corps de serpent et solaire par son visage de lion entouré de rayons, une figuration récurrente dans les illustrations alchimiques des Temps modernes. Enfin, les prêtres du temple de Rosette assimilèrent par décret, en 196 av. J.-C., Thoth à Hermès. Un peu plus tard, le processus d'unification syncrétique se poursuivit. Un écrivain juif, Artapan, assimila Thoth-Hermès avec Moïse.

Cet Hermès était dit Trismégiste par fusion avec Hermès « Tricéphale », ainsi nommé parce qu'il régnait sur les trois mondes : céleste, terrestre et infraterrestre, ou infernal. Ce Trismégiste incarnait donc les trois fonctions du prêtre-philosophe, du roi et du prophète-magicien.

La Renaissance avait reçu ces écrits du corpus hermétique après qu'ils avaient été préservés et transmis par les Arabes. Hermès Trismégiste, dans sa triple stature de philosophe, roi et devin, est cité dans la première traduction latine, par Robert de Chester, en 1144, d'un traité d'alchimie arabe.

L'importance à la Renaissance du corpus hermétique est considérable. Frances Yates y voit, d'une part, la source de l'esprit de la Renaissance et, d'autre part, celle où s'alimente la Nouvelle Science qui s'inaugure alors. Un personnage comme celui de Kepler incarne bien cette charnière entre le savoir occulte, révélé par Hermès Trismégiste, et l'harmonie recherchée dans le cosmos au moyen, d'une part, des mathématiques et, d'autre part, de l'observation astronomique.

On trouve nombre d'allusions des lettrés de la Renaissance au Trismégiste. François Rabelais, qui avait peut-être suivi à Rome les conférences de Valeriano lorsqu'il faisait partie de l'entourage du cardinal du Bellay, y fait allusion dans le *Tiers Livre*. Pantagruel contemple « ceste infinie et intellectuale sphaere » dont on ne peut ni localiser le centre ni circonscrire le pourtour (« de laquelle est un chascun lieu de l'univers, la circonférence poinct »), et il ajoute : « C'est Dieu scelon la doctrine de Hermes Trismegistus. »

Agrippa

Henri-Corneille Agrippa (1486-1535) fut un personnage mystérieux et fascinant. Né à Cologne, où il étudia dans ses jeunes années le *Miroir* d'Albert le Grand, il semble avoir été mû, soit par un zèle évangélique, soit par les nécessités d'organisation d'une société secrète. On le trouve constamment en voyage. En 1509-1510, il est en Allemagne, où il consulte l'abbé Trithème et rédige *Sur la philosophie occulte.* En 1510, on le trouve en Angleterre, où il étudie les Épîtres de saint Paul avec John Colet ; vers 1511, il part pour l'Italie, où il se pénètre de l'humanisme d'Érasme, ainsi que de la philosophie hermétique de Marsile Ficin et Pic de la Mirandole. Il part ensuite pour Metz, puis pour Genève, au début des années 1520. Il vient en France en 1524, où il publie, en 1527, *De la vanité des sciences* et fréquente les cercles humanistes, Lefèvre d'Étaples, Rabelais aussi peut-être (le *Tiers Livre,* chap. XXV, le mentionne comme « Herr Trippa »). De là, il continue son périple, passe à Anvers en 1528, où il donne enfin à la publication, en 1533, son livre sur la philosophie occulte.

Itinérances

Un point commun entre les alchimistes est leur vie errante. C'est ainsi qu'une *Complainte de l'alchimiste errant* fut attribuée à Jean Perréal (av. 1483-1530). Les alchimistes avaient d'excellentes raisons pour ces déplacements fréquents, apparemment contradictoires, il est vrai, avec la phase tout à la fois active et contemplative de l'Œuvre.

La plupart de leurs travaux préparatoires exigeaient des déplacements. Ils devaient rechercher un manuscrit dont ils avaient entendu parler et dont ils s'étaient persuadés qu'il contenait des précisions inestimables. Il leur fallait trouver des ingrédients rares, non disponibles chez eux et leur apparaissant comme essentiels. Ou bien ils souhaitaient rencontrer un confrère prestigieux, opérant dans une autre ville, dans un autre pays.

Il y avait aussi les réalités économiques. Le travail alchimique coûtait très cher. Il fallait pouvoir se procurer les métaux divers, et le matériel, toute une instrumentation compliquée, fragile, et donc à renouveler fréquemment. Il fallait du combustible pour le chauffage, puisque les transformations devaient se faire durant de longs mois. Bref, l'alchimiste avait besoin d'un mécène, qu'il devait aller solliciter chez lui, au sein de sa cour. Et, même une fois le mécène trouvé, la situation de l'alchimiste n'était pas nécessairement stabilisée. Il était à la merci des jeux de cour et des changements d'humeur du prince.

Cependant, n'oublions pas, sur ce point de l'itinérance, que les voyages de l'alchimiste, au XVe siècle comme au XVIIIe siècle, ne le singularisaient guère vis-à-vis des universitaires de l'époque. Étudiants et professeurs se déplacaient aussi de ville en ville, de pays en pays, au gré des cours offerts ou de la formation qu'ils se donnaient. La vie de l'alchimiste, elle aussi, était ce que l'on pourrait appeler une formation permanente.

Critiques de l'alchimie

Les alchimistes ont toujours été, semble-t-il, l'objet de sarcasmes et de dérision, sinon de persécutions. Une description marquante, pour l'écho qu'elle a trouvé et qui retentit encore aujourd'hui, est la satire qu'a faite de cette corporation (de sa propre corporation peut-être) Henri-Corneille Agrippa. Voici comment celui-ci décrit les alchimistes, dans son livre, contemporain et rival de l'*Éloge de la Folie* d'Érasme, *Sur l'incertitude et la vanité des sciences et des arts* (1530, traduit en français en 1630) :

« Ayant englouti beaucoup de temps et d'argent, ils se retrouvent vieux, chargés d'ans, déguenillés, affamés, sentant toujours le soufre, couverts d'une suie noire acquise au milieu des charbons, rendus paralytiques par le maniement constant du mercure, riches seulement d'un écoulement de nez, pour le reste si misérables que, pour trois sous, ils vendent leur âme. Ils expérimentent en eux-mêmes la métamorphose qu'ils s'efforçaient de susciter dans les métaux, transformés d'alchimiques en cacochymes, de médecins en mendiants, de savonniers en taverniers : la risée du peuple. »

Nous verrons plus loin comment ce portrait-charge s'est trouvé une abondante descendance littéraire, du *Frankenstein* de Mary Shelley au comte de Champignac et au Pr Tournesol de *Spirou* et *Tintin.* Mais, pour revenir à ces auteurs de la Renaissance, s'ils se moquent, comme ici, de la monomanie et de la déchéance sociale des alchimistes, ils n'en sont pas moins respectueux des acquis de leur discipline, qu'ils créditent en général de la mise au point de procédés utiles en verrerie, dans la fabrication des couleurs, dans l'élaboration des métaux et de leurs alliages, en artillerie et en pharmacopée. Ajoutons-y, pour la bonne mesure, et parce que certains auteurs moralisent à l'envi sur ce thème, la fabrication des savons, celle des fards et produits de maquillage.

V

PERSONNAGES D'ALCHIMISTES

Guillaume Postel

Guillaume Postel (1510-1581) fut un humaniste, un visionnaire et un homme du dialogue entre les cultures. Ce personnage de savant et d'illuminé, très en avance sur son temps en matière d'œcuménisme et de politique, reste en même temps un homme de la Renaissance par sa prédilection pour la magie et les sciences occultes.

Durant ses études à Paris, au collège Sainte-Barbe, il commença à y apprendre l'hébreu. De la sorte, il en était convaincu, il s'initiait à la mère de toutes les langues, à celle dont la maîtrise ouvrait aux secrets du monde. Très doué pour les langues, Postel en apprit très rapidement plusieurs autres, dont l'arabe. Cela le fit nommer par François Ier interprète pour son ambassade à Constantinople, où il trouva des manuscrits en araméen de la Kabbale.

La Kabbale est un système théosophique né en Espagne, au Moyen Âge, et basé sur la doctrine des dix *Sefiroth,* ou noms de Dieu, et sur une combinatoire des vingt-deux lettres de l'hébreu, pour lire la Bible et en découvrir le sens caché. Le *Zohar,* écrit vers 1275, est l'un des maîtres textes de cette école de mystique occultiste.

Fut-il manipulé par la cour ? Sa propagande en France fit s'évanouir pour le roi le rêve d'une monarchie d'Orient. Devenu une autorité reconnue, et jésuite, Postel hâta sa disgrâce en 1542, aux yeux du roi et de son ordre, avec une déclaration où il appelait à la réconciliation avec les musulmans et à un nouvel ordre international. Il eut maille à partir avec l'Inquisition.

En 1547, de passage à Venise, Guillaume Postel s'y découvrit une guru, Mère Zuana, avec laquelle il se mit à déchiffrer le *Zohar,* qu'il considérait comme un texte alchimique. En 1549, il partit pour la Terre sainte, à la recherche d'autres manuscrits en hébreu. En 1552, il s'autodéclara bénéficiaire d'une *immutatio,* c'est-à-dire d'une métamorphose en une forme immuable. Durant la période 1553-1559, déchu par Henri II de son droit à faire des exposés publics, il s'expatria et vécut de manière itinérante, en Allemagne, en Autriche, en Suisse et à Venise.

Après son retour à Paris, il anima un cercle consacré aux études hébraïques et à la Kabbale. En

1566, il se déclara *Rorispergius,* celui qui fertilise les esprits d'une rosée divine. Il traduisit le *Zohar* et le *Sepher Yetzirah.* L'alchimiste et mage anglais John Dee vint le voir lors de son voyage sur le Continent, en 1580 ou 1581.

Paracelse

Avant Paracelse, le pseudo-lullisme était la forme d'alchimie la plus répandue. Comme on le verra, Paracelse s'inscrit à la suite, car les lulliens conceptualisaient déjà, comme il le fera, la nature avec une structure ternaire.

Aureolus Theophrastus Bombastius von Hohenheim, de son nom complet, surnommé Paracelse, naquit vers 1493 à Einsiedeln, dans le canton de Schwyz, au sud-est de Zurich, et mourut à Salzbourg en 1541. Ce fut un autodidacte de génie. Sa pensée, exprimée dans un grand nombre d'écrits en langue vulgaire et non en latin, est d'un radicalisme extrême. Paracelse rejette les autorités antérieures, philosophie scolastique comme médecine galénique. Il exprime vigoureusement des intuitions, qu'il tire d'une réflexion, au sceau de l'unité du savoir et de l'unité du monde naturel.

Cet agitateur fit néanmoins preuve d'une certaine prudence. En matière religieuse, il ne reconnaissait pas d'autre autorité que celle de la Bible. Néanmoins, et bien qu'il ne se soit pas privé d'attaquer la papauté, il n'a jamais rompu avec l'Église catholique. En dépit de son rejet des conceptions traditionnelles et de toute autorité, Paracelse refusa de prendre parti entre ses contemporains Luther et Zwingli, les deux réformateurs qui se livraient alors à une lutte d'influence, en Suisse et en Europe germanophone.

Paracelse fut mû constamment par le sens de la mission dont il était investi. Il fit des voyages incessants, sillonnant l'Europe pour apporter la bonne parole, se gausser de la médecine traditionnelle, galénique, telle qu'elle était enseignée dans les universités, et divulguer ses réfutations et ses thèses : « Allez, médecins, les poils de ma barbe en savent plus que votre Aristote et votre Galien, et les lacets de mes chaussures sont plus compétents que vos grandes écoles. » Ce zèle missionnaire lui fait donner à Bâle, en 1527, une série de conférences très controversées où il expose ses thèses. Quelles sont-elles ?

Pour la commodité, je distinguerai entre Paracelse alchimiste et Paracelse médecin. Une telle catégorisation, plaquée sur une pensée moniste et non duelle, est parfaitement anachronique. Je l'utilise uniquement pour faciliter l'accès à une pensée complexe, subtile et souvent obscure.

Avant de la résumer, et pour schématiser, Paracelse marque une grande rupture dans l'histoire de l'alchimie. Entre chrysopée (transformation des métaux vils en or) et panacée (protection à l'égard des maladies et du vieillissement), Paracelse, puis les paracelsiens, donnent dans cette dernière. Est-ce en raison de l'or des Amériques que l'Espagne répand alors dans toute l'Europe? En tout cas, l'alchimie métallique perd chez eux sa prééminence.

La notion centrale dans la pensée paracelsienne est celle de l'homme comme microcosme, comme reflet imparfait du cosmos, du macrocosme, c'est-à-dire de la pensée divine. L'homme connaît trois stades au cours de son développement. Il naît dans un cosmos structuré, puis, à l'image d'Adam et Ève expulsés du Paradis terrestre, il chute dans une sphère, celle de l'*anthropos,* où il souffre de la séparation d'avec l'essence divine, que Paracelse nomme *Natur*; enfin, l'homme n'a de cesse d'accéder à nouveau à la sphère du divin, celle du *theos.* Cette « âme du monde », ou *Natur,* est à la fois une force primordiale organisatrice et sa manifestation physique sur terre.

La renaissance de l'âme, qui s'apparente à la transmutation des métaux, est du même modèle que la réunification de l'homme avec son Dieu, telle qu'enseignée dans la Bible.

Comme Copernic, Paracelse s'oppose à la cosmologie et à la philosophie aristotéliciennes géocentriques. On lui doit l'introduction des mathématiques, géométrie et proportions numériques, dans l'alchimie. Il est en cela un précurseur de Kepler (1571-1630), qui fera de même dans les domaines de l'astrologie et de l'astronomie.

Sa *magia naturalis* est profondément marquée par le *Corpus hermeticum,* dont nous avons déjà parlé. Les quatre éléments d'Aristote sont certes primordiaux, au sens où ils constituent les corps matériels, dont ils sont les principes formatifs. Néanmoins, ils ne sont que les manifestations des trois éléments chimiques, omniprésents même en dehors de ces quatre éléments physiques, que sont Soufre, Mercure et Sel. Ces trois principes sont eux-mêmes issus d'une essence primordiale, ou *Mysterium magnum* (le Grand Mystère). Ils ont une âme. À la suite d'un stade supplémentaire de séparation, suivi de condensation et coagulation, les quatre éléments aristotéliciens en naissent.

L'introduction du Sel comme élément est une grande innovation de Paracelse vis-à-vis des dualismes antérieurs, qui faisaient des seuls Soufre et Mercure les partenaires de l'Œuvre. Bien entendu, il ne s'agit pas, pour Paracelse, de sel ordinaire, mais d'une matière dont le sel ordinaire donne une image lointaine et affaiblie.

En dépit de la prééminence de ces trois principes, l'un des éléments d'Aristote, le feu, joue un rôle opératoire majeur. L'alchimie est placée sous le signe de Vulcain. Le feu est révélateur des trois principes primordiaux, il les fait apparaître purs et propres, dans une simplicité adamique.

Mais le feu, opérateur de divulgation, est aussi un opérateur de complétude. Seul le feu peut achever l'œuvre de la nature. L'expérience que l'alchimiste élabore, avec l'aide du feu, est ainsi une recréation, une tentative de seconde naissance au monde, à travers l'utilisation de matériaux purifiés au préalable par le feu.

Une autre notion centrale de l'alchimie paracelsienne est l'assimilation métaphorique de la Pierre philosophale au Christ rédempteur. Les métaux imparfaits, les alliages sont susceptibles d'amélioration et de perfection au contact de la Pierre. Celle-ci est à la fois ferment et teinture, transformant en profondeur le métal vil, et lui donnant l'aspect du métal noble.

L'alchimiste doit donc isoler et concentrer cette essence de la transformation, à la fois germe et teinture. Lorsqu'il y sera parvenu, il suffira de mettre en contact cette substance transformatrice et son substrat pour métamorphoser ce dernier, de même qu'une goutte de présure fait cailler le lait, ou qu'une goutte de vinaigre aigrit en vinaigre tout un baril de vin.

Mais l'amélioration du métal est inséparable, n'est peut-être qu'une figuration de l'amélioration de l'adepte. Le Christ, l'Homme-Dieu, est ce ferment et cette teinture qui transformeront l'homme. Comme l'écrit A. Koyré (1971), « la pierre philosophale, c'est le Christ de la nature, et le Christ, c'est la Pierre philosophale de l'esprit. Le Mercure, étant l'intermédiaire entre le Soleil et la Lune, est le Christ dans le monde de la matière, comme le Christ, médiateur entre Dieu et le monde, *est* le mercure spirituel de l'univers ».

Paracelse est l'inventeur, sinon d'une nouvelle médecine, tout au moins de ce que nous appelons à présent la médecine psychosomatique. Sa notion de correspondance entre le microcosme de l'homme et le macrocosme de la nature lui fait concevoir la maladie comme une dysharmonie. Le malade est comme un champ de bataille sur lequel s'affrontent des forces naturelles qui, au lieu de coopérer normalement, ont été gauchies, faussées dans leurs directions et points d'application. Guérir un malade, c'est le replacer dans un champ de forces équilibrées, dans l'harmonie universelle. Puisque l'homme est un mixte d'essences terrestres (son corps, sa nourriture) et célestes (son esprit, puisque la connaissance de l'ordre des choses lui vient des astres du firmament), pour soigner le corps, il faut commencer par soigner l'esprit.

Paracelse s'inscrit là dans la tradition des néoplatoniciens de la Renaissance depuis Marsile Ficin : les mots sont naturels, et non arbitraires, le langage est l'expression de l'esprit, c'est-à-dire de ce qui reste divin dans notre nature imparfaite. Et Paracelse d'introduire en médecine, donc, une psychothérapie par logothérapie, une guérison par les mots, qu'il désigne comme *verba mirifica.*

Ce faisant, Paracelse retrouve le rôle central du Mercure, pour l'alchimie matérielle comme pour l'alchimie spirituelle. Saint Augustin, dans *la Cité de Dieu,* n'avait-il pas proposé comme étymologie du nom de Mercure, *medius currens,* c'est-à-dire celui qui court au milieu, « parce que le langage court comme une sorte de médiateur entre les hommes » ?

C'est de Paracelse que naît ce double courant, qui fait aujourd'hui des domaines éloignés et sans rapport apparent que sont, d'une part, la chimie et, d'autre part, la psychanalyse des descendantes de l'alchimie. Mais revenons à cette iatrochimie (c'est-à-dire à cette médecine chimique) paracelsienne.

La pensée médicale de Paracelse développe cette idée splendide que la maladie relève à la fois du corps et de l'âme. Il ne sert à rien d'infliger un traitement symptomatique si l'on ne s'attaque pas aussi à la racine du mal, qui se trouve dans l'esprit du malade. Et puisque son système de pensée est métaphorique, le corps humain, pour Paracelse, parce qu'il est un microcosme, reproduit le même jeu de forces naturelles que celui que nous pouvons voir à l'œuvre dans le monde extérieur, celui de la *physis.*

C'est ainsi que la digestion est un processus du même type que la maturation du fruit sur l'arbre, ou encore que la cuisson par laquelle l'alchimiste cherche à élaborer la Pierre. Ce ne sont que des modalités, certes diverses, du même travail de l'homme sur la matière. Une image récurrente chez Paracelse est celle de l'estomac-alchimiste : l'estomac est un alchimiste naturel, qui digère les aliments et en extrait les divers poisons qui s'y trouvent. Pour Paracelse, la digestion était un processus primordial. La médecine galénique, ancrée dans la théorie des humeurs d'Aristote, voyait dans la rate l'organe sécréteur de la bile, cette humeur qui rendait les personnes bilieuses mélancoliques (déprimées, dirait-on aujourd'hui). Paracelse, et il me semble entendre son rire sardonique quand il tournait cette théorie en dérision, prétendait que, tout au contraire, la rate est l'organe du rire, suivant l'ancienne image poétique. Plus sérieusement, Paracelse voyait la rate comme un organe ayant pour fonction de sécréter des jus permettant de digérer la nourriture – autre observation pénétrante de sa part.

On peut donc mettre au crédit de l'iatrochimie paracelsienne, d'une part, le recours à une forme de psychothérapie et, d'autre part, un début de conceptualisation de la notion de ferment, qui évoluera très lentement jusqu'à sa redécouverte, au XVIIIe siècle (Réaumur) et au XIXe siècle (Persoz et Payen), avant que nous n'identifions, au XXe siècle, les enzymes à des protéines, les catalyseurs naturels de la digestion des aliments.

Il reste à dire un mot de la diffusion des écrits de Paracelse, sous forme de livres qui jouèrent un rôle si important pour faire connaître et adopter son système de pensée. Son influence sera multiforme, au moins double. Les facultés de médecine seront attaquées, rarement conquises, par les paracelsiens. Et du côté de l'alchimie spirituelle, la pensée de Paracelse irrigue celle de Jakob Böhme (1575-1624), qui influera tant sur le piétisme allemand, puis, par l'entremise de ce dernier, sur les Rose-Croix.

La première édition d'*Archidoxae Philosophiae,* à Cracovie, en 1569, fut à l'initiative du prince Albert Laski, un mécène qui la finança. La masse des autres écrits, rédigés ou dictés par Paracelse, fut éditée à partir de 1589 sous la direction d'un autre potentat éclairé, Ernest de Bavière, prince-évêque de Liège. Elle se base, dans une large mesure, sur la collection des écrits de Paracelse détenue par la Bibliothèque palatine, à Heidelberg. Ainsi, deux générations durant, les écrits de Paracelse jugés trop subversifs ou brûlants sont mis sous le boisseau.

Alchimie spirituelle

L'alchimie médiévale, celle de la Renaissance, prolongeant sans doute des apports antérieurs, a une indéniable dimension spirituelle. La question vraisemblablement la plus importante à se poser, à propos d'alchimie, est celle de l'importance des manipulations concrètes. Servaient-elles à autre chose qu'à fournir un soutien matériel, une simple illustration en quelque sorte, à cette lente et difficile pérégrination de l'adepte vers sa vérité ? C'est ce qu'écrit si bien Marguerite Yourcenar, faisant allusion à « l'Œuvre au noir, qui est renonciation et destruction ; l'Œuvre au blanc, qui est utilité et service ; l'Œuvre au rouge, qui est l'apparition chez l'opérateur des suprêmes puissances. " Méfiez-vous de trop vite voir poindre le rouge ", ne cessent de répéter les alchimistes » (*Les Yeux ouverts. Entretiens avec Matthieu Galey,* Paris, Le Centurion, 1980, p. 262).

La Table d'émeraude était en rapport avec la métaphysique juive. Dans celle-ci, il était question d'un Arbre de Vie. On en trouve mention, au XIIIe siècle, dans le *Zohar* de Moïse de Léon : inversées, les racines célestes, les branches (porteuses des lumières divines, ou *Sefiroth*) irradient vers le bas, dans la sphère de l'existence terrestre. Les *Sefiroth* étaient les noms de Dieu (tels que le Glorieux, le Sage, le Vrai, le Bon, etc.). Rassemblés en un Arbre de Vie, ils formaient son nom unique. Raymond Lulle était pénétré de ce symbolisme. Il l'exprimait, dans ses diagrammes, par neuf « dignités » de Dieu émanant de la lettre A.

L'alchimie spirituelle est une tentative, par la méditation surtout, de s'élever de la sphère humaine vers la sphère divine, de retrouver l'union de la créature avec son créateur. Elle sous-entend un ensemble ordonné, graduel, d'exercices spirituels, avec mise en correspondance des phases de l'Œuvre et des étapes d'un perfectionnement intérieur, suivant des techniques d'ascèse mystique.

Outre ces points de métaphysique juive, des éléments philosophiques néoplatoniciens et l'étude exégétique de la Bible viennent s'y joindre. Les premiers correspondent sans doute à la récurrence si fréquente de termes tels que « philosophique » dans les écrits alchimiques. On les retrouve même dans l'iconographie.

Si je puis me permettre cette parenthèse, une peinture célèbre, *le Printemps* de Sandro Botticelli, admet semblable analyse néoplatonicienne. On a proposé d'y voir une pluralité de sens, conforme à celle dont saint Augustin et d'autres théologiens médiévaux prônaient l'application aux textes sacrés, la Bible en premier lieu. Le sens littéral, superficiel, de ce tableau se lit de la droite vers la gauche, au niveau de l'anecdote, du récit narratif, de ce qui est figuré sur la toile. Vient s'y superposer un second sens, allégorique, de l'amour platonique. *Le Printemps* peut être vu, en effet, comme une apologie de l'homosexualité. Le troisième sens, moral, est celui de l'immortalité de l'âme. Enfin, le spectateur, se pénétrant intérieurement de tous les éléments de cette peinture, et la déchiffrant cette fois-ci de la gauche vers la droite, peut en déduire le sens anagogique, élévation de l'âme dans la contemplation mystique, celui du Jugement dernier.

Les théologiens médiévaux et, à leur suite, les alchimistes étaient des virtuoses de ce type d'interprétations herméneutiques. Il n'est que de citer une exégèse biblique contemporaine pour s'en convaincre : « À quel niveau ravale-t-il une écriture sacrée celui qui lit : " Le vin est créé pour la réjouissance de l'homme ", mais doit " être bu avec mesure ", sans savoir ce que représentent ce vin et cette mesure ! [...]

« La Bible elle-même ne montre-t-elle pas la voie en précisant la portée symbolique de certains de ses passages, comme le Livre de la Sagesse, entre autres, lorsqu'il interprète l'Arche de Noé ou la sortie d'Égypte ? Saint Paul ne voit-il pas dans Agar et Sara la représentation de deux alliances et ne donne-t-il pas un sens spirituel à tel de ces innombrables commandements, pour le moins surprenants s'ils devaient être entendus à la lettre : " Tu ne musselleras pas le bœuf qui bat le grain " ? » (Jean François, *De la Genèse à l'Apocalypse. Le langage métaphysique et symbolique de la Bible,* Paris, Éd. de la Table Ronde, 1976, p. 16.)

La notion clé de cette alchimie spirituelle est l'analogie : de même que l'esprit des métaux est sublimé, dans la Pierre ou dans le Mercure philosophiques, de même une chose peut être promue en image, voire même en idée de l'Esprit de Dieu. Elle se fortifie, après Paracelse, de la notion forte que le seul moyen de guérir l'homme naturel de ses maladies est de soigner l'homme spirituel. Citons, parmi les alchimistes de cette conviction, l'Allemand Gerhard Dorn, vivant au XVIe siècle, auteur d'une *Aurore des philosophes,* et l'Anglais Thomas Vaughan (1621-1665 ou 1666), dont le pseudonyme était Eugenius Philolethes, le jumeau du poète Henry Vaughan.

Arthur Dee

Arthur Dee (1579-1651) était le fils de John Dee, un étonnant personnage, mage et philosophe, lettré et mathématicien, astrologue et bibliophile, dont Shakespeare s'inspira pour le personnage de Prospero dans *la Tempête.* À l'âge de sept ans, hébergés avec son père dans le château de Trebon, en Bohême du Sud, par le comte Rosenberg, Arthur le vit réussir une projection alchimique. Sir Thomas Browne se rappelait le récit qu'Arthur lui avait fait des transmutations de plats et de pichets d'étain en argent que des joailliers de Prague leur achetèrent.

Le 15 avril 1587, Arthur Dee fut initié par son père et son acolyte, un curieux personnage, Edward

Kelly, à la boule de cristal. L'enfant fut agenouillé et mis en prière devant le cristal. Il y vit des figures carrées, des lignes et des lettres. Il eut diverses autres visions. Il aperçut des hommes barbus porteurs de couronnes d'or, un château orné de clochetons, comme une église. Des lions aux pattes grandissantes s'y ébattaient. Un homme chauve passa. Il eut aussi cette vision bizarre d'un grand nombre de jambes de dames aux jupes relevées bien au-dessus des chevilles.

Assurément sous l'influence de son père, grand admirateur des ouvrages de Paracelse, Arthur pratiqua la médecine à Londres, en 1605. Il avait vingt-six ans. Il avait affiché sur sa porte une liste de médicaments pour diverses maladies, et l'équivalent du Conseil de l'ordre poursuivit ce iatrochimiste, durant toute la période 1606-1615, pour exercice illégal de la médecine. Arthur Dee se défendait en arguant d'un doctorat et en produisant des lettres patentes de l'université de Bâle, en date du 4 mai 1609. On ne sait s'il séjourna effectivement en Suisse pour apprendre sa profession. Il fut mis à l'abri des poursuites lorsqu'un ami de la famille, le médecin personnel de la reine Anne, Théodore Turquet de Mayerne (1573-1655), huguenot et paracelsien, le fit nommer, vers 1615, au nombre des médecins de la reine.

On retrouvera Théodore Turquet de Mayerne, à propos de Jean Béguin. C'était un personnage sortant de l'ordinaire, d'une grande carrure intellectuelle, assuré dans ses convictions paracelsiennes et iatrochimiques. Son intérêt pour l'alchimie, peut-être aussi pour l'occultisme, était une tradition familiale. On possède une traduction française, datée de 1630, de l'un des deux livres majeurs de Cornelius Agrippa, *De l'incertitude et de la vanité des sciences,* par son père Louis Turquet de Mayerne, historien et théoricien des sciences politiques, huguenot, réputé. Agrippa traînait alors une réputation, largement usurpée, d'alchimiste et de praticien de la magie noire.

Dans les années 1590, le tsar Fedor Ier, le dernier de la dynastie des Riourikides, avait sollicité John Dee de devenir son médecin. La Russie venait de découvrir simultanément, et avec enthousiasme, l'alchimie et la iatrochimie. Le successeur de Fedor, le premier Romanov, Michel Fedorovich renouvela l'offre à Arthur Dee, qui fut nommé, en juin 1621, médecin-chef du tsar.

À son arrivée à Moscou, en septembre de la même année, Arthur connut la vie somptueuse d'un proche du tsar. À ses 250 roubles de salaire annuel s'ajoutaient 72 roubles par mois pour ses dépenses, du foin pour ses chevaux et une livraison quotidienne de 50 litres d'alcool, à l'évidence pour ses besoins professionnels. Dee avait carte blanche pour ses fournitures, et envoyait chaque année ses serviteurs prendre livraison à Arkhangelsk de médicaments importés d'Occident. Arthur resta le médecin personnel du tsar durant presque quinze ans. Dès 1628, il implora le tsar de le laisser regagner l'Angleterre. Après une intervention de Charles Ier, fin 1633, Dee fut autorisé à quitter le service du tsar, ce qu'il fit le 16 juillet 1635, nanti de 300 roubles en zibelines, comme cadeau de départ.

Non seulement Arthur Dee eut le mal du pays, mais il souffrit durant son long séjour russe de ne pouvoir poursuivre ses recherches alchimiques, faute d'équipement. En 1631, il avait publié chez Nicolas de la Vigne, à Paris, un opuscule alchimique. À son retour, il devint, de novembre 1635 jusqu'en 1641 au moins, médecin ordinaire de Charles Ier. Il fit partie du cercle d'expérimentation alchimique réuni, au château de Hartlebury, autour de John Thornborough, l'évêque de Gloucester. Et il put se consacrer au Grand Œuvre. Il possédait déjà la *materia prima* : un ami lui en avait rapporté de Hongrie en mai 1618. Dee avait une affection singulière pour la Hongrie, lieu d'élection pour l'alchimie, dans son esprit. Il parlait d'ailleurs hongrois, ainsi que cinq ou six autres langues : polonais, tchèque, russe, allemand, français et, bien entendu, anglais. Il recruta comme assistant le Hongrois Jean Banfi Hunyades, dans l'intention d'aller de nouveau chercher en Hongrie la *materia prima.* Mais Hunyades mourut subitement, à Amsterdam, sur le chemin de la Hongrie, en août 1646. Dee mourut à son tour en septembre 1651.

Jean Béguin

Jean Béguin, l'un des pionniers de la chimie, fut contemporain d'Arthur Dee. Ce Lorrain naquit aux environs de 1550 et mourut sans doute dans les années 1630 (il édite en 1631 la seconde édition de *la Nouvelle Lumière chymique* de Michel Sendivogius). Venu à Paris, il y fonde une école de chimie en 1604, avec l'aide et sous le parrainage de Turquet de Mayerne, ce huguenot paracelsien, démis pour cela de sa chaire de chimie et de médecine à la Sorbonne. Béguin rédige en 1610, pour ses élèves, un abrégé de cours. Dès l'année suivante, paraissait à Cologne une édition pirate de ce syllabus. Ce *Débutant chimiste (Tyrocinium chimicum)* devint le manuel de référence du XVIIe siècle et connut plus d'une cinquantaine d'éditions entre 1610 et 1690. En 1615, Béguin en publia une nouvelle édition augmentée, *les Éléments de chimie.* En 1631, sans doute à l'instigation de leur ami commun, Turquet de Mayerne, Béguin édite un opuscule d'Arthur Dee publié par Nicolas de la Vigne, *Fasciculus chemicus, Abstrusae Hermeticae Scientiae, Ingressum, Progressum coronidem, verbis apertissimis explicans, ex selectissimis, & deleberimis authoribus, tali serie collectus, &*

dispositus, ut non modo huius artis nemine hac methodo distributus.

Béguin prolonge la théorisation paracelsienne au moyen d'une expérimentation rigoureuse, il rapporte avec précision à la fois modes opératoires et descriptions des produits obtenus. On lui doit, par exemple, la préparation de l'acétone (ou « esprit combustible de Saturne ») par la distillation sèche du « sel de Saturne » (l'acétate de plomb).

En bon paracelsien, Béguin conçoit la chimie comme résultant du jeu de trois éléments : Mercure, Soufre et Sel. Ceux-ci diffèrent bien sûr de leurs (nos) acceptions usuelles. Le Sel, issu des cendres, est pour lui un solide ferme et fixe, sec, préservant les mélanges de la putréfaction, l'agent des dissolutions et des coagulations. Le Soufre est un baume huileux, visqueux, une colle servant à unir les contraires. Ce baume, inflammable, conserve la douce chaleur naturelle de ses constituants. C'est la fontaine des couleurs, c'est la substance responsable des modifications d'aspect de la matière, c'est l'instrument des végétations et l'agent des transmutations. Quant au Mercure, c'est un gaz, un fluide volatil éthéré, un dérivé d'air et d'eau, très subtil et responsable des diverses perceptions sensorielles.

Michel Maier

Michel Maier naquit à Rindsburg en 1568. Après y avoir étudié, il partit d'abord à l'université de Rostock, et commença ensuite une itinérance en Allemagne, puis en Italie, pratiquant la chirurgie, et s'essayant aux vers latins. Ayant obtenu son doctorat en médecine, il entra, en 1608 probablement, au service de l'empereur Rodolphe II. Il fit donc partie du cercle de lettrés et d'occultistes de tous bords qui l'entouraient à Prague. Michel Maier bénéficia de sa confiance, il devint son secrétaire particulier et son médecin et reçut le titre de comte palatin.

En 1612, à la mort de l'empereur, Maier partit pour l'Angleterre. Il se vanta plus tard d'y avoir introduit les idées des Rose-Croix. On le soupçonne aujourd'hui d'y avoir été envoyé en mission politique. En tout cas, il y entra en contact avec le cercle de Robert Fludd. De retour en Allemagne, Maier exerça la médecine à nouveau auprès d'un nouveau protecteur, Maurice de Hesse. Il mourut à Magdebourg, où il s'était installé, en 1622.

Ce fut un auteur prolifique, auteur de vingt-cinq livres. On a de lui un livre sur l'essayeur-alchimiste, *Examen fucorum pseudo-chymicorum,* les *Symbola aurea mensae duodecim nationum* (1617), *Tripus aureus* (1618), *Silentium post clamores* (1617), *Themis aurea* (1618), où fleurissent les thèses rosicruciennes, des *Arcana Arcanissima* (1614), des *Chansons intellectuelles sur la résurrection du phénix...* Dans son œuvre alchimique, le souci majeur de Maier est d'ancrer l'alchimie dans une tradition ancienne et dans une réalité spirituelle. Il le fait, en particulier, par le recours à la mythologie grecque. Hermès Trismégiste occupe une place de choix.

Son ouvrage le plus souvent cité est pourtant l'*Atalante fugitive* de 1618, orné de cinquante gravures de Mathieu Merian dont l'aspect énigmatique, la qualité esthétique et le symbolisme alchimique sont tout à fait remarquables. Chaque planche est un emblème. Quelques-unes sont reproduites et analysées dans ce livre (pages 91-96).

L'utilisation par Merian, dans ses gravures, de la perspective à point de fuite unique pourrait dénoter la recherche de l'âme supérieure des métaux, de la Pierre philosophale. Elle témoigne aussi de la grande familiarité de Maier avec les travaux des alchimistes anglais : de fait, ces illustrations traduisent les idées de John Dee en matière d'optique, de perspective et d'astrologie.

En outre, l'*Atalante fugitive* est augmenté de fugues musicales, basées sur l'octave pythagoricien. Je les ai soumises au compositeur Henri Pousseur, qui les a trouvées de facture naïve, injouables pour la plupart.

Les princes protecteurs

Les alchimistes se plaçaient souvent sous la protection des puissants. Ils y avaient intérêt, afin d'assurer le financement des frais de fonctionnement élevés de leur laboratoire (ils utilisaient des ingrédients précieux, tels que l'or, l'argent, le mercure, et des minéraux importés d'un peu partout), ainsi que pour éviter les poursuites, comme faux-monnayeurs ou hérétiques. Quant aux protecteurs, leurs motivations sont elles aussi assez évidentes : la curiosité humaniste, le mécénat, le désir d'hommes de pouvoir de s'allier tous les savoirs contemporains et, bien sûr, la perspective de voir des richesses, déjà grandes, décuplées. Parfois, dans les périodes de disette financière, les princes, qui, au XVIe siècle, voire au XVIIe, étaient souvent convaincus des pouvoirs magiques de l'astrologie et de l'alchimie, les cultivaient pour redorer, au sens propre, leur blason. Il n'est pas impossible non plus – je pense ici au richissime Jacques Cœur ou à Nicolas Flamel le notaire – que l'alchimie ait servi de paravent à des enrichissements rapides, car frauduleux ou illégaux.

Au XVe siècle, le très puissant commerçant et banquier de Bourges, Jacques Cœur, installe ainsi un ou des alchimistes dans son palais, qui en conserve, aujourd'hui encore, une emblématique. À la fin du XVe siècle, à Florence, Côme Ier de Médicis s'entoure d'un cercle de lettrés, dont des fervents des sciences occultes. Il restera le modèle du prince humaniste, imité un peu partout à travers l'Europe, mais surtout en Italie et en Allemagne.

Dans ce dernier pays, divers princes s'intéressent à l'alchimie, tel Wolfgang II de Hohenlohe, ou le landgrave Moritz de Hesse-Kassel (1592-1629), qui collectionne les manuscrits alchimiques. À cet égard, il faut surtout signaler le propriétaire et bibliophile de la Bibliothèque palatine, Othon Henri, comte palatin, dont on peut encore voir les initiales O.H.P.C. au fronton d'une des ailes de son chateau de Heidelberg. Cette Bibliothèque palatine, riche de dix mille ouvrages environ, se trouve maintenant au Vatican. L'électeur Maximilien de Bavière la céda au pape durant la guerre de Trente Ans, elle fut saisie et transportée à Rome par le général autrichien Tilly.

Othon Henri se convertit au protestantisme en 1542, alors qu'il était toujours comte palatin de Neubourg. En 1556, lorsqu'il accéda à l'électorat et qu'il s'établit à Heidelberg, il en fit la religion d'État. Durant son séjour à Neubourg, le chimiste Hans Kilian, son confident, avait fait l'acquisition d'une vaste collection d'autographes et de manuscrits paracelsiens. Celle-ci vint augmenter, à Heidelberg, le noyau de textes médicaux réunis par les prédécesseurs d'Othon Henri. À Heidelberg, Othon Henri s'entoura de paracelsiens. Curieux d'alchimie, comme des savoirs scientifiques les plus exotiques, Othon Henri était un bibliophile forcené, au détriment de ses finances. Il était aussi hypocondriaque et cherchait, par les eaux minérales et un régime, à compenser une alimentation fastueuse et son obésité, qui contribua à sa mort, en 1559, à l'âge de cinquante-sept ans. Le soutien qu'il apporte à l'alchimie, paracelsienne surtout, a donc pour principales motivations le souci de sa santé et celui de ses finances, mais aussi le désir de trouver un contrepoids philosophique et occultiste aux convictions catholiques des empereurs d'Allemagne de la famille des Habsbourg. C'est avec l'un de ces Habsbourg, hétérodoxe pour ne pas dire hérétique, que nous poursuivons cette galerie de portraits de mécènes de l'alchimie.

Car il y eut surtout ce très grand personnage d'un empereur d'Allemagne cultivé, philosophe, vraisemblablement alchimiste ou, tout au moins, passionné d'alchimie. Rodolphe II (1552-1612) était empereur germanique, roi de Hongrie et de Bohême. Il se fixa à Prague, où il s'entoura d'artistes, dont beaucoup d'Italiens, et de savants. Son frère Mathias l'évinça peu à peu du pouvoir et ne lui laissa que le titre impérial.

C'était à l'époque de la Contre-Réforme, conduite par une autre branche de la famille de l'empereur, les Habsbourg d'Espagne, et leurs protégés, les Jésuites. Rodolphe II, homme tolérant et ouvert, n'aimait pas ce zèle missionnaire. Conforme en cela au stéréotype de l'alchimiste, sous l'influence de Saturne, sous celle aussi de son confesseur Pistorius, un adepte de la Kabbale, Rodolphe II tomba dans une profonde mélancolie.

Le personnage de Prospero, dans *la Tempête* de Shakespeare, lui doit autant qu'à John Dee. Parmi les alchimistes et médecins paracelsiens faisant partie de la cour de Rodolphe II, on trouve en effet John Dee et son associé Kelly : on a des témoignages de projections alchimiques réussies, de transmutations, donc, opérées par Kelly devant l'empereur. Se retrouvèrent aussi dans cette cour Michel Maier, Martin Ruland, un autre Anglais, et bien d'autres.

Plus tard, au XVIIe siècle, le cardinal de Richelieu n'était pas délibérément hostile à l'alchimie. Au cours d'un épisode, il donna sa chance à un surnommé Dubois, connu aussi – du nom de sa femme – comme Boismaillée, prêtre défroqué, puis luthérien après un séjour de dix ans en Allemagne :

D'après une correspondance d'Hugo Grotius, ambassadeur de Suède, « ne sachant où trouver de l'argent, il [Richelieu] prête l'oreille à un misérable souffleur, qui remplissait la cour de fumée. Ce personnage s'appelait Boismaillée. Il se vantait d'avoir trouvé la pierre philosophale et promettait de former 200 000 écus par semaine. Louis [XIII] et son ministre font travailler Boismaillée. On le regardait comme un homme envoyé du ciel. Mais la vanité de ses promesses fut bientôt reconnue. À la sollicitation des Capucins, qu'il avait autrefois quittés pour se faire protestant, et contre lesquels il disait de terribles choses, l'imposteur est mis en prison à Vincennes. À quoi pensait ce maître fou d'attaquer les Capucins appuyés par leur père Joseph ! Tant on avait de peine à se désabuser [...]. On dit que, pour amuser Louis, fort inquiet de l'épuisement des finances, Richelieu fournit sous main de l'or à Boismaillée, qui n'était pas encore à Vincennes, et fit accroire à Sa Majesté que le souffleur en avait déjà donné une quantité considérable ».

« Souffleur » est synonyme d'alchimiste, pris dans le sens de celui qui n'y connaît rien, mais qui se prétend initié.

Basile Valentin

Au XVIIe siècle, une grande partie de la pensée alchimique se réclame de Basile Valentin. Il s'agissait, disait-on, d'un moine ayant vécu au XVe siècle. La plupart des lecteurs des livres prétendument écrits par Basile Valentin le croyaient. Les textes qu'on lui attribuait semblent en fait avoir été écrits par Johann Thœlde (ou Thölde), un spécialiste des mines qui vécut vers 1600. En 1604, paraissait la première édition en allemand de *Triumphwagen Antimonii (le Char triomphal de l'Antimoine),* qui connut de nombreuses éditions et traductions.

L'antimoine fascinait les alchimistes de longue date. L'antimoine métallique était obtenu par réduction à partir d'un sulfure ou d'un oxyde, par le fer, le cuivre ou le charbon. C'est un métal d'un blanc argenté, que ses propriétés chimiques, et sa toxicité, rapprochent de l'arsenic. On en faisait diverses utilisations, comme dans la fabrication de pichets où le vin séjournait, ce qui en faisait un émétique. Toutes sortes de pharmacopées étaient à base d'antimoine. Leur vogue fut telle que le parlement de Paris dut interdire, en 1566, l'usage de préparations antimoniales.

Le Char triomphal est un tract publicitaire en faveur de ce corps. Basile Valentin y voit la réunion des trois principes paracelsiens : Soufre, Mercure et Sel. Et il le prône comme une panacée. Ce livre est un curieux mélange de réalisme pratique et d'obscures affabulations magiques.

On retrouve un mélange analogue dans *les Douze Clés de la Philosophie,* publié en 1599, puis augmenté d'illustrations en 1611. Ce livre revêt un double aspect, initiatique et pratique. Ce dernier, rejeté en appendice, est un mode opératoire d'obtention de la Pierre, rédigé en termes simples. Les « douze clés », quant à elles, sont douze allégories, rédigées dans un style allusif et abscons, mêlant figures bibliques et mythologiques. Les personnages désignent manifestement des corps chimiques, qu'il est difficile d'identifier précisément : le « loup gris » désigne-t-il un acide, prototype d'une substance corrosive, ou l'antimoine ? Le « bain du roi » décrit-il l'antimoine ou l'eau régale ? Cette série de symboles alchimiques, aux références kabbalistiques, est d'interprétation délicate.

VI

LES DERNIERS FEUX

Quatre planches de l'« Atalante fugitive »

Dans l'emblème n° 6 de l'*Atalante fugitive,* un cultivateur répand dans un champ labouré des pièces d'or en guise de semence. La devise précise « Semez votre or dans la terre blanche foliée. »

La gravure représente la phase de l'Œuvre dénommée *albedo,* ou Œuvre au blanc. La terre blanche, dite « foliée », c'est-à-dire légère comme une feuille, correspond à un stade de purification de la matière intermédiaire entre la *nigredo* pénitentielle initiale et la *rubedo* triomphale finale. En effet, comme le précise le *Dictionnaire hermétique* de « Guillaume Salmon », la « terre blanche feüillée » est la Pierre ou matière philosophale au blanc.

Le geste du semeur représenté ici symbolise la végétation des métaux. La « semence des métaux », pour me référer à nouveau au *Dictionnaire hermétique,* est un « abrégé très-parfait du plus pur qui

Semez votre or dans la terre blanche foliée.

Comme le corail croît sous les eaux et durcit à l'air,
ainsi fait la Pierre.

constitue l'individu, et qui le fait paraître tel qu'il est dans sa première production ». C'est ce qu'on pourrait appeler l'essence d'un métal.

L'alchimiste se figure ici à l'instar du cultivateur. Il sème des métaux dans le sol, qui pousseront sous forme d'or. Celui-ci est évoqué doublement par les pièces de monnaie, et par leur forme ronde, conforme au symbole alchimique de l'or (et astrologique du Soleil). La gravure fait aussi allusion à la mythologie, Jupiter se transformant en pluie d'or pour séduire et imprégner Danaé : « Les Anciens ont caché sous cette fable la distillation de l'Or philosophal » *(Dictionnaire hermétique).*

L'emblème n° 32 a pour devise « Comme le corail croît sous les eaux et durcit à l'air, ainsi fait la Pierre. » L'image *(figura)* présente un personnage muni d'une longue canne, à l'aide de laquelle celui-ci retire de l'eau une arborescence de corail. Bien entendu, c'est une allusion à la dernière phase, l'Œuvre au rouge, ou *rubedo,* parfois qualifiée de « Corail rouge ».

Est-ce une indication de calendrier ? Le ciel se couvre de nuages, il vente et l'alchimiste a la tête couverte. Mais les arbres portent toujours des feuilles : l'automne était la saison propice à la *rubedo.*

Le corail, dans l'Antiquité, apparaissait comme une merveille de la nature, un hybride entre les divers règnes. Théophraste, au IVe siècle av. J.-C., observe que sa substance est semblable à celle des pierres. Ovide raconte, dans ses *Métamorphoses,* que c'est une plante ramollie dans l'eau, qui durcit à l'air. Cela rejoint le mythe de Persée, qui, après avoir tué l'horrible Gorgone à la tête couverte de serpents, aurait jeté des plantes marines sur cette tête horrible, ce qui les aurait figées à jamais. Les alchimistes avaient repris ce mythe de la Gorgone (ou Méduse) pétrifiant ceux qui la regardent pour dénoter l'étape de fixation par l'élixir parfait.

Nous en sommes bien, face à cette planche, au stade de transformation des métaux imparfaits en vraies Pierres. Cela dit, nous sommes loin d'avoir épuisé les sens, multiples, de cette gravure. Comme chimiste, je ne peux m'empêcher d'y voir la description d'un précipité solide qu'on retire d'une solution, par exemple du réalgar, un sulfure rouge de mercure que l'alchimiste aurait précipité par l'action de sulfures sur une solution aqueuse mercurielle.

Le sens spirituel ou moral de cette planche me paraît être le caractère solitaire de l'Œuvre. L'alchimiste est à distance de la ville qu'on aperçoit à l'arrière-plan, il habite probablement l'espèce de cabane sur pilotis qui se dresse au bord de la rivière. Il a sans doute emprunté le pont pour la traverser. Nombre de détails, manifestement significatifs, pourraient encore être notés. On compte six marches,

La Pierre a été jetée sur le sol et élevée sur les montagnes.
Elle habite dans les airs et se nourrit dans la rivière.
C'est le Mercure.

Va vers la femme qui lave le linge, et fais de même.

ou degrés, entre la rivière et la rive, qui pourraient être le nombre de lavages auxquels l'alchimiste a déjà soumis son précipité, afin de le purifier. Son pied droit s'appuie sur un rameau de chêne, allusion peut-être à la cendre de chêne dans laquelle l'Œuf philosophal aura été chauffé durant de longs mois ? On remarque encore le dualisme de l'ombre et de la lumière, l'alchimiste et le corail en pleine lumière, mais avoisinés de ténèbres.

L'emblème n° 36 buriné par Mathieu Merian montre un paysage paisible, animé de quelques personnages, et dans lequel apparaissent des cubes, tous de la même taille.

La devise relative à cet emblème spécifie : « La Pierre a été jetée sur le sol et élevée sur les montagnes. Elle habite dans les airs et se nourrit dans la rivière. C'est le Mercure. » C'est une description de cet esprit universel qui habite l'air et l'eau, la terre, les pierres et les plantes, et qui leur donne forme.

La lecture la plus évidente de cet emblème est que l'alchimiste a le choix, suivant la phase de son Œuvre, entre deux voies, la « voie sèche », symbolisée par le chemin sur lequel déambulent les personnages, et la « voie humide », ici le cours d'eau sur lequel une barque transporte d'autres personnages. La voie humide passait par l'utilisation d'un solvant et une très longue cuisson, à feu doux, dans l'Œuf philosophal. La voie sèche, plus rapide, se pratiquait au creuset.

Les formes cubiques (celles que montrent des cristaux, comme les pyrites, telle la galène, ces sulfures métalliques dont les alchimistes faisaient abondamment usage) font manifestement allusion à la perfection de la Pierre, analogue à celle de l'un des solides platoniciens, et leur nombre est également significatif. Quatre pour la voie humide, réputée durer quarante jours ; trois – comme les trois éléments paracelsiens : Soufre, Sel et Mercure – pour l'espèce de voie céleste suggérée par la planche ; cinq – nombre des métaux vils ? – pour la voie sèche ; sept – nombre des planètes – sur la montagne vaguement en forme de Golgotha. Le cavalier vu de dos passe sous une sorte de croix celtique abaissée du toit d'une maison dans l'ombre de cette montagne, où l'on peut voir le symbole du vitriol (VITRIOLUM, c'est-à-dire : Visitez l'Intérieur de la Terre en Rectifiant vous Inventerez l'Occulte *Lapis* (pierre) Vraie Médecine).

L'emblème n° 3 de l'*Atalante fugitive* nous montre-t-il une femme faisant sa lessive ? Sa devise le donne à croire : « Va vers la femme qui lave le linge, et fais de même. » Le sens spirituel est celui de la purification, du lavage.

Cette représentation, fréquente dans les livres d'alchimie, de l'Eau des Sages, procède par analogie.

De même que l'on mélange des couleurs pour teindre un linge, ce solvant pénètre les métaux que l'alchimiste travaille. Il s'agit d'une phase de l'Œuvre où s'opère une distillation à reflux : le liquide bout, se vaporise, se condense sur les parois du récipient, et retombe dans la solution. Comme l'indique le *Dictionnaire hermétique* : « C'est lors que la noirceur s'est épaissie et que l'humide, en s'élevant, circule et retombe sur la matière noire, et enfin continue si longtemps, que, de noire qu'elle était, elle devient blanche. »

Newton et l'alchimie

Isaac Newton (1642-1727) était un alchimiste ! Le fondateur, avec Galilée et Descartes, de la physique moderne, d'une théorie de la mécanique céleste et de la gravitation universelle qui régnera sans partage sur la physique jusqu'à Einstein, le grand Newton était un adepte ! Il se consacra, trente années durant, à l'alchimie. Il écrivit plus d'un million de mots sur ce sujet. Mais tout cela, renfermé dans une grande malle, resta clandestin de son vivant. Et Newton ne publia pas la moindre assertion alchimique. Le parallèle s'impose : de même que Kepler était astrologue, mais ne s'en cachait pas, Newton était alchimiste.

Son intérêt pour l'alchimie lui vint de ce qu'il considérait l'univers et toutes ses parties comme autant d'énigmes à déchiffrer. En bon alchimiste, Newton étudia les textes et fit aussi des expériences. Il traduisit et commenta, pour son propre chef, *la Table d'émeraude.* Il connaissait à fond la littérature alchimique.

Dans tous ses écrits alchimiques, Newton se montre à la fois un alchimiste parfaitement orthodoxe et un penseur, comme dans ses recherches en physique, incisif, original, clair et précis, toujours logique. Quelles sont les grandes lignes de sa pensée alchimique ?

Il croit à un Dieu transcendant qui se désintéresse de sa création, du monde naturel et de la matière, en dehors de l'entremise d'un médiateur, d'un Esprit-Saint et alchimique que nous avons vu qualifié, dans des textes antérieurs, d'Esprit du monde, ou de Médecine universelle. Pour Newton, le Christ dirige les processus physiques non mécaniques, tels ceux de la végétation. Hermès n'est qu'une autre appellation, un équivalent païen du Christ.

En effet, pour Newton, la matière est faite de particules passives. Il lui manque une âme pour prendre sous nos yeux les formes sensibles que revêtent les animaux, les plantes ou les minéraux. Donc, comme pour Marsile Ficin ou Paracelse, c'est un Esprit vital et divin, le Christ-Hermès qui vient animer la matière, au sens originel du verbe latin *vegetare* – dont nous avons tiré « végétation » –, qui signifie « animer, donner vie à ».

Pour Newton, il y a bien une végétation des métaux : il conçoit ceux-ci à l'image de la pâte dont on fait le pain, c'est-à-dire d'une matière à laquelle on a adjoint un levain. Le but de l'alchimie est de trouver et d'isoler ce levain. Il le qualifie encore de « suc nutritif de la terre, ou substance primaire ». Il l'assimile à « l'éther, une substance humide active ». Cette activation ne peut se faire que dans l'illumination de l'Esprit divin, de même que Dieu usa de la lumière lors de la Création. Newton assimile ce levain à la lumière que la terre reçoit au printemps, saison du renouveau et de la fertilité. L'Œuvre doit être réalisé dans un récipient en forme d'œuf, l'Œuf hermétique, la forme primordiale.

Et Newton, en bon alchimiste, sait qu'il doit être chauffé à feu extrêmement doux. Sa recette pour le « fumier de cheval » des textes alchimiques qu'il fréquente, consiste à prendre des germes de blé mêlés à de la sciure, à du foin ou de la paille coupés, le tout humidifié, compacté et couvert (jusqu'à ce que la fermentation commence et libère de la chaleur).

Newton prend de même grand soin des autres ingrédients. Il cherche, et trouve, un solvant, dont il pense qu'il est la « mère » de l'or. Il s'interroge sur la nature du minéral que les alchimistes nommaient

« régule de Mars ». Newton pense qu'il s'agit d'un composé de sulfure de fer, comme partenaire mâle, et d'un mercure (c'est-à-dire un amalgame) d'antimoine, pour la partie femelle. Pour constituer l'« aimant philosophique », Newton, comme tout bon alchimiste, sait qu'il faut faire usage d'antimoine métallique pur. Il le prépare en réduisant le sulfure d'antimoine par le fer.

Ayant réuni tout ce dont il a besoin pour son aimant, Newton recherche l'autre composante métallique de son « filet philosophique ». Cette appellation fait allusion à l'épisode mythologique dans lequel Vulcain, ayant surpris son épouse Vénus et Mars en flagrant délit d'adultère, forgea un filet d'un bronze spécial, invisible, qu'il abattit sur le couple, ainsi fait prisonnier. Il appela ensuite les autres dieux de l'Olympe à venir les voir. Pour Newton, le filet de Vulcain est un mixte d'antimoine et de cuivre, de Mars et de Vénus. C'est ce qui lui servira de Pierre pour teinter l'or. Comme il l'avait noté dans les années 1680, à la lecture de Basile Valentin :

« La teinture d'or ne se trouve nulle part avec autant d'abondance que chez le mâle et la femelle, comme l'homme et la femme. Mercure rend actif, mais Vénus est provocante, éveillant le désir et la concupiscence. Son Soufre surpasse le Soleil. Dans cette même teinture, Mars abonde d'une manière plus noble et plus puissante, car mâle est l'homme, et Vénus est la femme. »

La découverte de la face alchimique cachée de Newton est récente. Mais les historiens des sciences la trouvent précieuse pour expliquer sa pensée. La physique de Newton repose sur des forces d'attraction et de répulsion dont l'alchimie lui a fourni le modèle. Bien qu'il n'ait, répétons-le, jamais rien divulgué de ses travaux alchimiques, on peut en voir la trace dans certains de ses écrits. C'est ainsi que la question 30 de son livre *Optics,* relative à une possible équivalence entre matière et lumière, est libellée comme eût pu le faire un alchimiste avéré :

« L'eau, qui est un Sel sans goût très fluide, se transforme par la Chaleur en Vapeur, qui est une sorte d'Air, et par le Froid dans de la Glace, qui est une Pierre dure, transparente, cassante et fusible ; et cette Pierre reforme de l'Eau par la Chaleur, et la Vapeur retourne à l'Eau par le Froid [...]. Le Mercure apparaît parfois sous forme d'un Métal dur et cassant, parfois sous forme d'un Sel transparent corrosif qu'on appelle sublimé, et parfois sous forme d'une Terre blanche sans goût, transparente, volatile, nommée *Mercurius Dulcis* [...]. Et, après tous ces changements, il revient à sa première forme de Mercure. Les Œufs grandissent à partir de Tailles imperceptibles, et deviennent des Animaux ; les Têtards, des Grenouilles ; et les Vers, des Mouches. Tous les Oiseaux, les Bêtes et les Poissons, les Insectes, les Arbres et les autres Plantes, avec toutes leurs nombreuses Parties, croissent à partir de l'Eau et de Teintures et de Sels aqueux, et par Putréfaction redeviennent des Substances aqueuses [...]. Et, parmi tant de Transmutations diverses et étranges, la Nature ne pourrait-elle changer les Corps en Lumière, et la Lumière en Corps ? »

L'alchimie et les Lumières

La démarcation entre la chimie et l'alchimie commence à se marquer dans la seconde moitié du XVIIe siècle, mais sans que cette séparation soit vraiment nette jusqu'à Lavoisier et la Révolution. Boyle (1627-1691) et ses confrères de la Royal Society fondent la science expérimentale, établissent la chimie pneumatique et critiquent, en particulier dans *the Skeptikal Chemist,* publié par Boyle en 1666, l'hermétisme des alchimistes. Avant le triomphe de la mécanique de Galilée, Descartes et Newton, le public cultivé misait sur les chimistes et sur leur programme d'étude de la nature, pour s'éloigner des auteurs de l'Antiquité et de leurs vues, dont on sentait bien qu'elles n'étaient plus tenables.

En 1625, Marin Mersenne (1588-1648) publie *la Vérité des sciences.* Ce livre, sous la forme d'un dialogue entre un philosophe chrétien et un alchimiste, est une étude prospective (comme on dirait à présent) de l'avenir de la science. La thèse du chimiste, proche du point de vue des expérimentalistes anglais, est que sa science deviendra la voie royale pour étudier la nature, pour la bonne raison qu'elle se base sur l'observation.

Le philosophe chrétien, dont la thèse est victorieuse – autant dans ce livre que, de fait, dans l'histoire des sciences – prétend que le progrès ne peut venir que d'une mathématisation du savoir. Certes, Mersenne n'était pas neutre. Ses travaux d'acoustique le mettaient dans la dépendance de la théorie musicale, et il lui était aisé de se convaincre d'une harmonie universelle de la nature basée sur des rapports de nombres.

On pourrait être tenté de dater la coupure de la chimie d'avec l'alchimie de 1677, date de la parution du *Cours de Chymie* de Nicolas Lémery (1645-1715). Ce livre fait déjà penser à nos manuels ; les dérivés de chaque métal y sont regroupés en un même chapitre. Par ailleurs, l'ouvrage est séparé en diverses parties pour la chimie minérale, la chimie des plantes et la chimie animale. Or, la même année, un anonyme publie une *Querelle des Anciens et des Modernes* qui tourne à la gloire des paracelsiens, comme détenteurs de la vérité !

Venons-en au XVIIIe siècle : on aurait pu penser de même qu'à l'âge de la Raison l'alchimie serait rapidement balayée par le scepticisme ambiant. C'est l'époque d'un Fontenelle, d'un Diderot, d'un Voltaire, férus de science, maniant la pensée rationnelle avec adresse et subtilité, vigoureusement critiques à l'égard des croyances obscurantistes ou des fanatismes de tous types. Néanmoins le tableau d'ensemble est beaucoup plus nuancé.

La bonne société française continue d'acheter et de collectionner les ouvrages alchimiques. Les mêmes libraires continuent à les éditer. C'est le cas de la dynastie Houry, déjà active sous Louis XIV. Laurent d'Houry s'était spécialisé dans les ouvrages alchimiques. En 1695, par exemple, il publie un *Dictionnaire hermétique,* de Guillaume Salmon (un Anglais semble-t-il), suivi d'un *Traité philosophique de la triple préparation de l'or et de l'argent,* par Gaston Duclo, dit Claves ou Le Doux, qui vivait dans le Nivernais à la fin du XVIe siècle, et par *De la droite et vraie manière de produire la Pierre philosophique ou le Sel argentifique et aurifique,* du même auteur.

Dans le premier quart du XVIIIe siècle, les éditeurs français continuent à publier avec ardeur aussi bien les classiques de l'alchimie que des textes inédits. Même un périodique scientifique comme le *Journal des Sçavans* donne des recensions des nouveaux ouvrages d'alchimie. On peut expliquer ce phénomène par l'absence de concurrence à la théorie médicale paracelsienne, dont les praticiens ainsi que les médicaments connaissent une grande vogue. François Marie Pompée Colonne publie, en 1724, un *Abrégé* de la pensée de Paracelse, basé sur son

Archidoxae. La théorie médicale des paracelsiens dans son ensemble, celle de Van Helmont et de ceux qui se réclament de lui, fait alors l'objet de nombreuses publications.

Les libraires, répétons-le, publient toutes sortes d'ouvrages d'alchimie – pas uniquement des rééditions, mais aussi des publications originales –, et leur production se vend extrêmement bien. À telle enseigne qu'Étienne-François Geoffroy (1672-1731) fait paraître en 1722, dans les *Mémoires* de l'Académie des Sciences, une protestation véhémente contre cette large diffusion des thèses alchimiques.

Jusqu'à la Révolution, le marché des livres d'alchimie semble prospère. En particulier, les éditeurs font paraître des traductions françaises des nombreux ouvrages de Michel Maier, dont les éditions originales, à Francfort et à Oppenheim, dataient du début du XVIIe siècle.

On trouve une illustration de la vogue de l'alchimie au XVIIIe siècle et, à la fois, de sa mise en question dans la controverse, à la fin des années 1750, à propos de Nicolas Flamel, un personnage bien réel de la fin du XIVe siècle, prétendument enrichi par sa découverte, après la lecture d'Abraham le Juif, de la Pierre philosophale, qu'il enregistra sur des peintures et inscriptions hiéroglyphiques au cimetière des Innocents. À la même époque, en 1749, Macquer (1718-1784) publiait ses *Éléments de*

Chymie théorique, où il mentionnait les anciennes correspondances entre les métaux, les astres ptoléméens et les organes du corps, sans oser rejeter cette notion comme totalement erronée.

Le dossier alchimie-chimie au XVIIIe siècle ne serait pas complet sans une brève mention à deux ecclésiastiques. L'abbé Nicolas Lenglet du Fresnoy, un compilateur, mais aussi un collaborateur de Diderot, publia en 1742 une *Histoire de la philosophie hermétique,* où il semble hésiter entre l'adhésion enthousiaste et le dénigrement narquois.

Antoine-Joseph Pernety fut bénédictin et homme de lettres. Il accompagna Bougainville aux îles Malouines, fit un séjour à la cour de Frédéric II et passa la fin de sa vie en Avignon, en illuminé swedenborgien. Pernety fut un protagoniste de la querelle au sujet de Nicolas Flamel, soutenant sans réserve la thèse légendaire de la découverte de la Pierre philosophale par le notaire parisien. Il publia deux livres, *les Fables égyptiennes et grecques* et, surtout, un *Dictionnaire mytho-hermétique* (1758), où il adoptait sans réserve cette thèse, intenable, que la mythologie classique n'avait été qu'un vaste rideau de fumée composé par les auteurs de l'Antiquité pour cacher les secrets de l'Art hermétique en général, du Grand Œuvre en particulier.

Une tradition orale ?

Le moment est venu d'apporter une précision. Il s'agit plutôt d'une intuition, ou d'une conjecture de ma part, comme on voudra, car c'est impossible à prouver. Bref, l'alchimie, de mon point de vue, fut surtout une tradition orale.

Cette tradition orale est perdue, et il est impossible de la reconstituer. Je me base, pour cette double assertion – existence d'une tradition orale et impossibilité de la retrouver – sur plusieurs traits caractéristiques de cette pratique.

Les textes écrits, comme nous le savons, ont mêlé la révélation avec la mystification de manière si bien ourdie qu'il est extrêmement difficile de faire la part de l'une et de l'autre. Nous savons, d'autre part, que les alchimistes menaient une vie itinérante, dont le but, manifestement disjoint d'avec le Grand Œuvre, puisque celui-ci exigeait de longs mois d'efforts et d'ascèse solitaires, devait être de rencontrer d'autres alchimistes pratiquant les sciences occultes, et d'échanger avec eux, vraisemblablement oralement, des informations. Celles-ci devaient être précieuses, puisque les alchimistes faisaient de tels voyages, s'éloignant considérablement de leur laboratoire, même durant des périodes troublées, lorsque l'Europe était ravagée par une épidémie ou par la guerre.

L'impression que cela nous laisse est donc celle de l'échange d'une documentation, précieuse et secrète, dont nous ignorons la nature. Sur ce dernier point, la vérité réside sans doute entre deux hypothèses extrêmes. Ou bien le savoir alchimique a été intégralement récupéré par la chimie moderne, au moment où elle s'est constituée, durant les XVIIe et XVIIIe siècles. Ou bien il s'agit d'un savoir, qu'il ait été protoscientifique ou métaphysique, dont nous avons perdu à jamais toute trace.

Une autre remarque se révèle pertinente. Nous sommes « tous » des alchimistes. Je veux dire par là qu'à un moment ou un autre de notre existence nous sommes séduits, consciemment ou non, par le mythe d'un passé romanesque et grandiose. En cet âge d'or, suivant ce fantasme très répandu, auraient vécu des Sages, détenteurs de Savoirs que nous aurions perdus.

Cette affirmation représente une bonne part du mouvement alchimique. Faut-il noter qu'elle s'oppose point par point à toute l'idéologie que nous avons construite sur la science et la technique ? Nous nous persuadons, la plupart du temps, que ce sont des facteurs positifs. Nous voyons volontiers (à raison, est-il besoin de le dire ?) le progrès comme synonyme de l'avancement des sciences et des techniques.

À ce progressisme de la modernité, s'oppose ce que j'appellerai le « régressisme » de l'alchimie. L'alchimiste est toujours en quête d'un Savoir perdu, dont il se persuade qu'il a existé. L'alchimiste est tourné vers le passé, vers ces Anciens omniscients.

Ainsi même, l'intérêt que soulève l'alchimie, elle aussi chose du passé, puisqu'elle fait partie de notre histoire intellectuelle, cet intérêt passéiste ouvre une fenêtre, de nouveau, sur une fascination par le passé. Par exemple, nous nous intéressons à un alchimiste particulier, A. Ce personnage A s'affirmait dans la mouvance de B, qui l'avait précédé. Ce qui nous amène, dans notre curiosité, à ouvrir, après la fenêtre A, une autre, relative à B. Et ainsi de suite, en une régression infinie, forcément inaboutie. Cette mise en abîme d'un passé mythique, qu'on retrouve dans les rites initiatiques de très nombreuses cultures, est à présent inséparable, selon nous, de l'alchimie.

VII

LEGS ET SURVIVANCES

Le legs instrumental

Nous sommes redevables aux alchimistes, outre leur invention du laboratoire, de nombreuses techniques encore utilisées. Il s'agit surtout de procédés de purification.

Les alchimistes nous ont laissé la distillation. Celle-ci purifie un mélange liquide par chauffage et vaporisation. Chaque composante volatile dégaze à une certaine température. Condensée par refroidissement dans un récipient séparé, elle fournit un liquide pur.

Une variante de la distillation, déjà connue des alchimistes de l'Antiquité, est le « reflux » : on fait revenir dans le mélange initial les vapeurs condensées. Décrit ainsi, le reflux apparaît comme une procédure circulaire sans intérêt. C'est pourtant ainsi qu'on obtient maintes réactions chimiques, aujourd'hui encore. Refermons cette parenthèse, en notant que nous avons hérité de la « voie humide » des alchimistes. En effet, la plupart des réactions se font en solution. Cela facilite l'observation à l'œil des transformations qui s'opèrent, puisque la verrerie est transparente. Les alchimistes, à l'affût des changements de coloration, en particulier, nous ont enseigné l'importance de ces données visuelles.

La cristallisation est un autre processus physico-chimique fascinant à observer, lorsque des cristaux, avec leurs formes géométriques, leurs facettes ou leurs faisceaux d'aiguilles, émergent peu à peu de la solution mère. C'est aussi une manière d'obtenir des produits très purs, en faisant suivre (suivant l'injonction des alchimistes, *solve et coagula* – et peu importe à cet égard leur raisonnement, qu'il ait été mystique ou pratique, les deux vraisemblablement) une cristallisation d'une redissolution, préalable à une nouvelle cristallisation. Encore aujourd'hui, une telle recristallisation est la méthode la plus efficace de purification rapide d'un solide.

Certains solides, tel le camphre, ne fondent pas lorsqu'on les chauffe. Il n'y a pas de passage par l'état liquide. Ces composés passent directement à l'état de gaz, selon ce qu'on appelle la sublimation. Cette transition inattendue d'un solide « terrestre » à un gaz « aérien » est l'un des changements d'état qui a le plus fasciné les alchimistes. Ils l'ont souvent représenté au moyen d'oiseaux. Ce phénomène fournit une image de la purification morale, but de l'alchimie spirituelle.

D'autres techniques de laboratoire nous viennent encore des alchimistes, comme le modeste bain-marie (qui porte toujours son nom en hommage à Marie la Juive, dont Zosime croyait qu'elle était la sœur de Moïse), permettant, soit un chauffage doux pendant un long temps, soit de thermostater à diverses températures, telles que 0 ° C (mélange eau-glace) ou 100 ° C (eau bouillante).

Le legs conceptuel

Nous avons déjà noté que de nombreux concepts clés de la chimie nous viennent des alchimistes ; ainsi, la complémentarité d'espèces, comme acides et bases. Avant de mettre l'accent sur d'autres notions, elles aussi issues de l'alchimie, soulignons que nous leur sommes redevables de l'organisation de la science chimique en une théorie et une pratique, distinction que les Arabes installent durablement et que l'on retrouve constamment dans les textes de leurs héritiers, par exemple dans la *Summa Perfectionis* d'un pseudo-Geber du XIVe siècle, écrite vraisemblablement par le franciscain Paul de Tarente. La quête d'une théorie unitaire du Grand Tout, objectif des alchimistes, reste la nôtre : que cherchent d'autre les physiciens théoriciens (mais à partir de tout autres présupposés) ?

La notion d'un catalyseur, c'est-à-dire d'une substance germinale, active en très faible quantité et dont la présence détermine une transformation infaisable sinon, vient en droite ligne des qualités postulées pour la Pierre philosophale. Il paraît vraisemblable que cette notion n'ait pas été seulement mythique, mais une idéalisation, basée sur nombre d'observations de phénomènes catalytiques, lors des opérations réalisées.

On ne saurait suffisamment insister : qu'il s'agisse – et notre langage même continue de le leur créditer – de *germes* de cristallisation, d'*ensemencer* une *solution mère,* ou d'utiliser une enzyme comme *ferment,* l'héritage alchimique est patent.

Le *solvant* est un autre concept opératoire qui s'est avéré singulièrement fécond. L'étude des solutions, la « voie humide » comme elle était nommée, a mis en place l'essentiel de la procédure encore suivie de nos jours pour l'immense majorité des réactions chimiques, au laboratoire comme dans l'industrie ; et elle a permis la mise au point des procédures de purification rappelées plus haut. La découverte d'une manière efficace de purifier l'alcool par les alchimistes lulliens puis son application à l'*extraction* des substances, fréquemment pourvues d'une activité pharmacologique, de très nombreuses plantes ont inauguré la chimie des substances naturelles.

Le legs linguistique

Une caractéristique durable de l'alchimie occidentale est l'utilisation de symboles. Ils servaient à représenter les ingrédients ou les produits de l'Art, tels que du fer, du sable ou du distillat de vinaigre. Ils étaient utilisés aussi pour dénoter des opérations, comme calcination ou distillation. Très tôt, ces signes sont des idéogrammes : le symbole est arbitraire, plutôt que pictographique, comme dans les hiéroglyphes.

Il paraît évident que les symboles des chimistes d'aujourd'hui – Fe pour le fer, C pour le carbone, etc. – sont dans la droite ligne des symboles alchimiques. Ce n'est pas faux, mais ce n'est pas suffisant. La notion d'élément, si importante dans la chimie depuis qu'elle s'est donnée une nomenclature rationnelle, avec Lavoisier et Guyton de Morveau à la fin du XVIIIe siècle, et, surtout, depuis la théorie atomique de Dalton au tout début du XIXe siècle, est elle aussi en germe dans la symbolique alchimique.

Si diverses modifications d'un métal sont représentées par diverses combinaisons de signes, cela suppose qu'une substance idéale, un corps pur élémentaire n'admettrait qu'un seul signifiant. Les symboles des éléments, comme Berzélius les fixera – par une lettre majuscule ou une majuscule assortie d'une seule minuscule –, proviennent donc directement des symboles des alchimistes.

Pour les alchimistes, le signe incorpore, outre une espèce chimique, des correspondances. Par exemple, le symbole du fer est aussi celui de la planète Mars. Ou bien le symbole désigne une opération, telle que la distillation, c'est-à-dire la transformation d'une substance en une autre. Ce langage symbolique quadrille à l'avance le futur champ conceptuel de la chimie.

Prenons un exemple simple, celui de l'eau dans ses trois états :

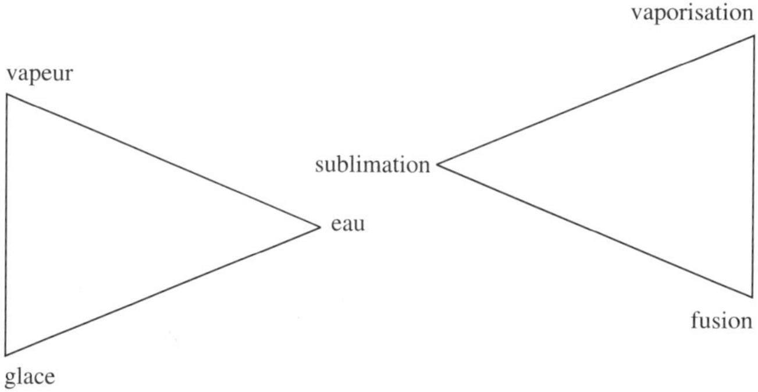

La pensée peut se focaliser, soit sur les substances individuelles (solide, liquide, gaz), placées aux nœuds d'un réseau – dans ce cas, un triangle ; soit sur les transformations qui les interconvertissent, occupant à leur tour les nœuds d'un autre réseau – le second triangle, en l'espèce. La science chimique se place ainsi, tantôt dans une thématique et une problématique statiques (les substances), tantôt dans un autre mode conceptuel, dynamique (les transformations). Ce sont les alchimistes qui nous ont enseigné cette *Gestalt* fluctuant constamment entre ces deux pôles.

Malheureusement, les alchimistes ont abusé et sont allés trop loin dans les fluctuations du sens d'un symbole. Le langage est pour eux simultanément communication et dissimulation. Le même symbole renvoie à diverses entités. Il peut désigner une autre substance ou une opération. Il peut évoquer une chose ou son contraire. Le signe n'a pas de valeur fixe. Le signe n'a pas de sens indépendamment du système de signes, du code. Et comme il est au moins autant de codes que de textes alchimiques, cela forme un corpus inextricable et exaspérant, qui donne l'impression fallacieuse d'une obscurité intrinsèque.

Le legs littéraire

La littérature fait souvent appel à l'alchimie, de manière peu nuancée, tout en noir et blanc. Le noir, en premier : le portrait charge de l'alchimiste par Agrippa, en 1528, a eu toute une postérité. Il est à l'origine du stéréotype du savant fou. Les résurgences abondent à partir du début du XIXe siècle, lorsque le romantisme succède à la philosophie des Lumières.

La première est sans doute le *Frankenstein* de Mary Shelley (1818). Victor Frankenstein crée son monstre dans un laboratoire d'alchimiste, c'est la chimie qui lui permet d'assembler des chairs et des eaux pour en faire cette créature solitaire et tragique, avatar romanesque de la statue de Condillac.

Balzac s'empara du motif du savant fou, dont l'idée fixe est de décomposer l'azote, dans *la Recherche de l'Absolu* (1834). Balthazar Claës est un riche bourgeois de Douai. Fasciné par son labeur d'alchimiste, il dilapide la fortune familiale, perd la raison et meurt, victime de son « duel avec l'Inconnu ». L'Absolu du titre, explique Balzac, est ce que nous dénommons maintenant le génome : Claës détruit son patrimoine économique, tangible, dans la quête de son patrimoine familial, invisible.

Le stéréotype du savant fou devint ensuite un cliché littéraire chez des auteurs comme Alexandre Dumas. La plupart des romans de Jules Verne, à commencer par son chef-d'œuvre *le Voyage au centre de la Terre,* de 1864, où il met en scène *l'Origine des espèces* (1859) de Darwin, ont leur personnage de savant monomaniaque, misogyne, érudit, irascible et distrait : Paganel dans *les Enfants du capitaine Grant,* ou Thomas Roch dans *Face au drapeau,* inspiré aussi par l'inventeur Turpin.

Nathaniel Hawthorne (1804-1864), romancier américain, écrit en 1860 sa nouvelle « l'expérience du Dr Heidegger ». C'est un vieux magicien auquel quatre amis (dont une femme), âgés eux aussi, viennent rendre visite. À l'aide de trois accessoires magiques, un miroir, un vieux livre et une potion, il leur rend pour un temps leur jeunesse (les trois hommes se battent pour la femme et renversent la potion).

Tout comme dans l'histoire de l'alchimie, l'histoire littéraire de ce thème accumule les plagiats et les imitations. Hawthorne – qui a souvent recours au type du savant fou – indique, à la fin de son conte, qu'Alexandre Dumas l'a accusé de plagiat. Et retourne l'accusation... Mais ce n'est pas tout, puisque, de nos jours, Jorge Luis Borges plagie à son tour Hawthorne, dans sa nouvelle « la rose de Paracelse ». D'Hawthorne, il copie la renaissance, dans les mains de l'alchimiste, d'une rose flétrie.

La longue nouvelle de Robert Louis Stevenson, *Dr Jekyll et Mr Hyde* (1886), est une autre variation sur le thème de l'alchimiste égaré et démiurge. H.G. Wells publie, en 1897, *l'Homme invisible* : l'ingestion d'une potion magique ne suffirait pas à affirmer l'origine alchimique du thème, mais le texte comporte aussi un morceau de bravoure sur la verrerie que cet homme déballe de sa malle. À la même époque, le dramaturge suédois August Strindberg (1849-1912), durant un séjour à Paris, fait une crise de manie mystique et se convertit pour quelque temps (août 1894-été 1896) à l'alchimie. Citons encore, fin XIXe-début XXe siècle, les romans d'Arthur

Conan Doyle (1859-1930), tels que *le Monde perdu* (1912), avec un héros, le Pr Challenger, qui exploite toujours la même veine.

Ce stéréotype du savant fou reste bien vivant, qu'il s'agisse de nous divertir avec Cyprien Tournesol dans *Tintin,* avec le comte de Champignac dans *Spirou,* de romancer l'équilibre de la terreur nucléaire (*Dr Folamour* de Stanley Kubrick) ou, de manière plus insidieuse, de nourrir la méfiance du public à l'égard de la science.

Venons-en au blanc et aux écrivains enthousiastes de l'alchimie. André Breton et les surréalistes, en premier lieu. La tour Saint-Jacques, avec ses sculptures énigmatiques, aux thèmes alchimiques, leur est un point de ralliement. De nos jours, un Pieyre de Mandiargues alimente toujours ses contes à la même fontaine alchimique. L'écrivain allemand Ernst Jünger, né en 1895, est lui aussi fervent d'alchimie et de sciences occultes. Son œuvre y fait maintes allusions.

Lawrence Durrell (1912-1990) inclut un personnage d'alchimiste, copié sur Paracelse et nommé Capodistria, dans son *Quatuor d'Alexandrie.* Il l'utilise comme symbole de fertilité et pour ses pouvoirs magiques de divination ou de création d'homuncules. Marguerite Yourcenar (1903-1987), pour écrire son très beau livre, *l'Œuvre au noir* (1968), odyssée d'alchimie spirituelle, s'est inspirée pour Zénon, son personnage, d'Agrippa et de Paracelse.

Vladimir Nabokov (1899-1977), écrivant *Pale Fire,* l'un des grands chefs-d'œuvre littéraires de notre siècle, lui donne une indéniable dimension alchimique, à commencer par le titre, emprunté à Shakespeare et faisant allusion à ce « feu pâle », essentiel à l'Œuvre. Le passage de Shakespeare, dans *Timon d'Athènes,* se traduit ainsi :

« Le Soleil est un voleur : par sa puissante attraction, il dépouille la vaste mer. La Lune est une voleuse effrontée : elle soustrait son feu pâle au Soleil. L'Océan est un voleur : sa vague résout en larmes de Sel les émanations de la Lune. »

(Trad. F.-V. Hugo, légèrement modifiée).

CONCLUSION

L'alchimie est morte. Elle déclina dès qu'elle se compromit avec le pouvoir. Je vois son apogée vers 1300. Ensuite, lorsque les princes protecteurs la drainèrent vers ses applications pratiques – faire de l'or, préparer des remèdes –, elle y perdit un peu de sa dimension spéculative, beaucoup de sa dimension spirituelle, bref son âme.

Concluons sur une critique épistémologique : qu'est-ce qui, dans la méthode alchimique, l'a empêchée de devenir une science (même si elle a donné naissance à une très belle science, la chimie) ? Son caractère personnel et confidentiel était une première tare. Comme l'écrit Sylvain Auroux, à propos de la contribution de Kant, « au lieu de la définir seulement par sa *méthode,* à la façon d'Aristote, il fallait préciser qu'il n'y a science que de ce qui peut faire l'objet de l'*expérience partagée* des hommes », ce qui condamne les sciences occultes en bloc. Une seconde tare tient, dans le recours au symbolisme, non pas tant à la confusion entre le signifié et le signifiant, le mot étant pris pour l'équivalent magique de la chose, mais à ce que les alchimistes ont puisé leur symbolisme dans la langue usuelle et dans les livres sacrés (Bible et mythologie). Auraient-ils eu recours, comme les inventeurs de la Nouvelle Science (Descartes, Galilée), au langage des mathématiques, qu'ils eussent eux aussi, sans doute, accédé à cette « nouvelle science » que Lavoisier inaugure à la fin du XVIIIe siècle. Geber et Lulle avaient ouvert cette voie, on peut regretter qu'ils n'aient pas davantage été suivis. Cela provient d'une troisième, et dernière tare : le poids de la tradition. Certes, la science est cumulative. Tout chercheur construit sur un édifice préexistant. Mais l'alchimie, par sa constante réitération des mêmes textes, courant le risque à chaque répétition de déformer et perdre le sens, par son passéisme conservateur, se privait à l'avance de tout succès conceptuel et même opératoire. Le scientifique, s'il suit les pas de ses prédécesseurs, comme l'adolescent en révolte contre ses parents, construit aussi son apport, en refusant les anciens savoirs et en les déclarant caducs.

Il a donc manqué à l'alchimie ce triple recul : de l'auteur à l'égard de son œuvre, des mots par rapport aux choses, et de l'énoncé inédit vis-à-vis de la somme des écrits antérieurs.

DÉBAT

Dominique Lecourt et Pierre Laszlo

DOMINIQUE LECOURT : *Le lecteur sera surpris de voir un chimiste se plonger dans des lectures alchimiques. À vous lire, on se dit que c'est par souci d'équité historique. Vous soulignez les « acquis », les « legs » et les « survivances », mais ce réexamen peut-il avoir un intérêt pour le travail effectif des chimistes actuels ?*

PIERRE LASZLO : Ne faisons pas intervenir mon équation personnelle. Tout scientifique a intérêt à retrouver ses racines dans l'histoire de sa discipline. Il y trouve son intérêt en tant qu'enseignant : cela l'aide à construire un récit cohérent, puisque chaque découverte, chaque avancée a restructuré l'ensemble des connaissances.

Il y trouve aussi son intérêt comme chercheur : certaines observations anciennes conservent toute leur valeur dans notre questionnement du monde naturel. J'en prends pour exemple l'eau polymérique. À la fin des années 1960, dans le monde entier, la grande vogue fut d'étudier expérimentalement et théoriquement cette forme d'eau, dont une seule goutte aurait pu – c'est ce que certains postulaient alors – faire coaguler l'ensemble des océans! De fait, c'était un artefact. L'eau contenue dans du verre dissout le silice et forme des gels. Or, ce phénomène était bien connu des alchimistes, et il eût suffi de relire Lavoisier pour en trouver la description, l'analyse et l'explication.

Le « travail effectif des chimistes actuels », suivant votre expression, est, avant tout, de comprendre ce que recouvre le vocable « réactivité ». Il est d'augmenter la taille des objets de la rationalité physico-chimique pour y englober toute la chimie biologique. Il est de constituer une chimie du solide. Il est d'étudier les assemblages et auto-assemblages supramoléculaires. Il est d'élucider les mécanismes des transformations, et d'en isoler ou caractériser les intermédiaires.

Or, on peut faire remonter aux alchimistes toutes ces préoccupations. Nous leur devons la notion d'activation, celle de forces chimiques ou « affinités », la distinction entre chimie en phase solide et chimie en solution et l'intuition qu'il est possible de contrôler, comme nous disons à présent, les métamorphoses de la matière.

D. L. : *L'une des thèses de philosophie les plus récentes soutenues sur l'histoire de l'alchimie s'intitule* la Rationalité de l'alchimie du XVIIe siècle. *Y a-t-il à vos yeux une rationalité de cette tradition envisagée dans son ensemble ? Et, si oui, en quel sens ?*

P. L. : J'entends par rationalité, dans un sens sans doute trop restrictif, une description du monde suivant des règles d'énonciation logique, au moyen de propositions. « La somme des angles d'un triangle est égale à deux droits » est un exemple de pensée rationnelle. Un autre exemple, que j'emprunte à René-Just Haüy, est qu'il est permis d'inférer de la forme sexangulaire des flocons de neige que les molécules d'eau sont coudées.

Mais la rationalité n'a pas été sculptée dans le marbre pour l'éternité, n'est-ce pas ? La notion même de rationalité dépend du contexte historique. Comme le rappelle Granger, l'explication donnée du mouvement par Aristote, si elle était rationnelle pour ses contemporains, est devenue creuse pour nous, se restreint à un jeu de langage, à un calembour presque. De même, la loi du mouvement incorporée dans une équation mathématique, pleinement satisfaisante dans le contexte historique de la Nouvelle Science de Galilée, Descartes et Newton, n'est plus pour nous la seule rationalité.

Par conséquent, il ne peut y avoir de rationalité de la tradition alchimique prise dans son ensemble.

En revanche, je crois qu'il se trouve des moments de rationalité dans la pensée alchimique. L'œuvre alchimique de Newton, bien que souterrain, non divulgué, fut assurément l'un de ces moments. Jean Béguin, au XVIIe siècle aussi, représente pour moi un autre moment de rationalité, où la chimie naissante se love dans les replis d'une alchimie maternante.

D. L. : *Gaston Bachelard a écrit de nombreuses pages sur le travail des alchimistes : il n'y voit ni une « fausse science » ni une « protochimie », mais un travail poétique de l'imagination matérielle. Que pensez-vous de cette thèse ?*

P. L. : Que Bachelard se recherche des pères ! Gaston Bachelard est un philosophe pour lequel j'éprouve la plus profonde admiration. Je le trouve injustement contesté, pis encore, mis de côté aujourd'hui par de plus jeunes que son ombre dérange. Ses *Psychanalyses* ont enchanté ma jeunesse. Sur le chemin entre le dortoir du lycée Montaigne et les salles de cours du lycée Saint-Louis, je vérifiais doublement, au passage, à la librairie des Presses universitaires de France, sur le Boul'Mich, et chez José Corti, qu'aucun nouveau livre de sa plume n'était paru.

Les ouvrages de Bachelard sur la chimie sont fondamentaux. Néanmoins, sur l'alchimie, je le sens à la fois trop séduit, comme je l'ai été moi-même tout un temps, par l'approche de Carl Jung et trop puritain, comme Michel Serres le lui a justement reproché.

Bachelard avait en horreur la métaphore, qui, pourtant, joue un rôle central dans l'imaginaire scientifique. Les théories ne naissent pas toutes faites, complètes et d'emblée admirables. Elles se construisent, difficilement, durement même, à partir d'un modèle réussi. Le modèle, quant à lui, germe d'une métaphore, d'une image parfois incongrue.

Bachelard effectue tout un développement sur « l'obstacle verbal » (obstacle au progrès scientifique). Il prend pour exemple l'analogie, selon lui viciée, pernicieuse, entre un solide microporeux et une éponge. Il exagère. Comme l'excellent épistémologue qu'il est, il sait parfaitement que l'auteur de tout modèle, analogie ou métaphore, se garde bien d'identifier le phénomène et son modèle. Bachelard fait preuve en l'occurrence d'une fausse naïveté pour s'exciter à une fausse indignation !

Il en va de même de ses commentaires sur l'alchimie. Il écrit par exemple : « Ainsi la mentalité alchimique a été souvent dominée par la tâche *d'ouvrir* les substances [...] » (*La Formation de l'esprit scientifique,* Paris, Vrin, 1938, p. 99). La notation est fine, mais l'accusation implicite injustifiée. Bachelard impute en tort aux alchimistes leur recours à un modèle imagé, trop imagé à son goût. Or, le recours à un modèle trahit déjà un stade relativement élaboré de pensée scientifique, très largement supérieur à la description, et même à la description systématique.

Cette problématique de l'ouverture des substances chimiques, tournée un peu en dérision par Bachelard, met en jeu la très riche notion d'activation, dont nous parlions plus haut, qui reste un concept central de la chimie. Qu'on l'appelle comme on veut, ouverture des substances, activation, excitation, exaltation de la force de liaison, ou passion amoureuse, qu'importe, pourvu que cet ensemble à la fois conceptuel et factuel reçoive sa cohérence et sa mise en ordre.

Dans le même texte, quelques lignes plus loin, Bachelard épingle l'image de la clé ouvrant une serrure, oubliant sans doute que cette métaphore, sous sa dénomination en allemand de *Schloss und Schlüssel* fut reprise, à la fin du XIXe siècle, par Emil Fischer et se révéla des plus fructueuses pour la chimie de notre siècle. Tout l'œuvre de Jean-Marie Lehn, prix Nobel de chimie en 1987, par exemple, est contenu dans *Schloss und Schlüssel*!

D. L. : *Permettez-moi de prolonger les deux questions précédentes en donnant à la dernière comme à la première un tour personnel : n'éprouvez-vous pas du plaisir à lire les alchimistes ? Un plaisir éventuellement dif-*

férent de celui que vous éprouvez dans votre métier de chimiste ?

P. L. : Je ne connais pas de plus grand plaisir que le plein exercice de mon métier d'enseignant *et* chercheur. Ce n'est pas une formule creuse. Entendre, au sens propre, « la parole des choses », comme je l'ai nommée dans un autre de mes livres, est extatique.

Mais je vous avoue volontiers un tout autre bonheur, à lire de l'alchimie. M'y réjouissent, comme dans la poésie, la justesse et la polysémie de l'expression.

Je vous propose de partager ce bonheur. Vous comprendrez ainsi qu'un chimiste de profession puisse trouver à se réjouir à la lecture de textes alchimiques. D'accord pour la visite guidée ?

Lisons ensemble, si vous voulez bien, ce « Traité du Sel », inséré dans *le Cosmopolite, ou Nouvelle Lumière chymique,* publié par Jean Béguin au XVIIe siècle :

Résolvez donc votre pierre d'une manière convenable,
Et non pas d'une façon sophistique ;
Mais plutôt suivant la pensée des Sages
Sans y adjoûter aucun corrosif ;
Car il ne se trouve aucune autre eau,
Qui puisse dissoudre notre pierre ;
Excepté une petite fontaine très pure et très claire,
Laquelle vient à couler d'elle-même,

Et qui est cette humeur propre pour la dissolution,
Mais elle est cachée à presque tout le monde,
Elle s'échauffe si fort par soi-même,
Qu'elle est cause que notre pierre en süe des larmes;
Il ne lui faut qu'une lente chaleur externe,
C'est de quoi vous devez vous souvenir principalement,
Mais il faut encore que je vous découvre autre chose;
Que si vous ne voyez point de fumée noire au-dessous,
Et une blancheur au-dessus,
Votre œuvre n'a pas été bien fait,
Et vous vous êtes trompé en la dissolution de la pierre.
Ce que vous connaîtrez d'abord par ce signe,
Mais si vous procédez comme il faut,
Vous apercevrez une nuée obscure,
Laquelle sans retardement ira au fond,
Lorsque l'esprit prendra la couleur blanche.

Au centre de ce poème, une image insolite : « notre pierre en süe des larmes ». Par rapport à cet axe médian du douzième vers, on peut distinguer six groupes, d'importance à peu près équivalente. Les quatre premiers vers spécifient le style injonctif du discours. Les cinq vers suivants se rattachent, au moins en apparence, à un référent (v. 7 : « une petite fontaine très pure et très claire »). Les trois suivants en prennent le contre-pied herméneutique (v. 10 : « Mais elle est cachée à presque tout le monde »). Puis, dans la seconde partie du poème, après la cassure dramatique du vers 12, les vers 13 et 14 renouent avec le style prescriptif d'un protocole expérimental, puis les cinq vers qui suivent (15-19) ont trait à un autre référent concret (v. 16-17 : « fumée noire au-dessous/Et une blancheur au-dessus »), à valeur doublement symbolique, puisqu'il est garant de la procédure suivie. Les cinq derniers vers enfin (20-24) paraissent une répétition des précédents, avec reprise du thème herméneutique (v. 20 : « Ce que vous connaîtrez d'abord par ce signe »), point d'orgue et arrêt (tout comme à la fin d'*Arthur Gordon Pym*) sur la blancheur finale accomplie.

Mais revenons au vers 12 : « elle [cette *petite fontaine très pure et très claire*] est cause que notre pierre en süe des larmes ». La Pierre, qui est l'objet de l'Œuvre, est ainsi conçue comme un organisme : ce qui répond à cette autre intrication de l'organique dans le minéral qu'est cette « petite fontaine » qui « vient à couler *d'elle-même* » et qui « s'échauffe si fort *par soi-même* ».

Le double sens est ici celui, chimique, d'une réaction exothermique (dégageant de la chaleur), avec exsudation de la *pierre*, et celui, moral ou tropologique, d'une agonie préalable à une apothéose, comme dans la Passion du Christ. Le poème s'inscrit entre les deux pôles de la *dissolution*, mort apparente puisqu'elle réduit un corps solide en un liquide, et de la *sublimation* finale, qui convertit – dualisme du corps et de l'esprit – une « matière corporelle, homogène, grossière, terrestre, fixe [en] une matière subtile et légère, liquide, molle, volatile et aérée, la faisant monter dans l'air », pour citer à nouveau le *Dictionnaire hermétique* de Guillaume Salmon. Une telle sublimation est qualifiée aussi de « volatilisation du fixe » dans la langue des alchimistes.

Cette révélation finale de l'esprit répond à l'exigence du *dévoilement* de ce qui est occulté (« elle est cachée à presque tout le monde » ; « il faut encore que je vous découvre autre chose » ; « Ce que vous connaîtrez d'abord par ce signe »).

Comment débusquer l'hermétique, aller chercher le sens derrière les manifestations visibles, passer du registre matérialiste à la signification symbolique ? Le texte nous enjoint, pour ce faire, une attitude paradoxale, une logique des contraires.

Dès qu'on gratte un peu, syntaxe ou sens, les contradictions apparaissent. Exemples : 1) « Elle s'*échauffe* si fort *par soi-même* », « Il ne lui faut qu'une lente *chaleur externe* » ; 2) la « *petite fontaine* [...] s'échauffe si fort [...] que *notre pierre* en süe des larmes » ; 3) au vers 24, le blanc est qualifié de « couleur ». Les ambiguïtés aussi : « Il ne lui faut qu'une lente chaleur externe », entre autres, se réfère-t-il à la pierre, ou à la petite fontaine ?

Le texte est porté par une dynamique des antithèses : « manière convenable »/« façon sophistique » ; « fontaine très claire »/« cachée à presque tout le monde » ; « fumée noire »/« blancheur » ; « au-dessous »/« au-dessus » ; « nuée obscure »/« esprit [de] couleur blanche ».

Comme l'a écrit Michel Butor, « les textes alchimiques accumulent les défis au principe de contradiction ». Ce texte-ci, anodin et gentillet, nous bouscule pourtant dès son titre, « Traité du Sel ». Ce court poème ne se donne pas les airs d'un traité. Et il n'y est, en apparence, aucunement question du sel !

« Il ne se trouve aucune autre eau », dit notre texte, qu'« une petite fontaine très pure et très claire ». Cette eau lustrale, qui a fréquemment en propre, outre la pureté et la clarté, une troisième qualité : la finesse, est de prime importance pour les alchimistes.

Basile Valentin, par exemple, s'adresse ainsi à l'adepte : « toi [...] qui oses rechercher la fontaine de notre Œuvre », pour lui découvrir « la fontaine de tous les bienfaits ». Quelle est cette fontaine magique, imaginaire ou réelle, parée de toutes les vertus, *fons et origo* ? On peut oser l'identification au Mercure, certes pas le vif-argent du vulgaire, mais « l'argent-vif, subtil, clair, brillant autant qu'une petite fontaine, transparent comme le cristal et sans aucune crasse » (Basile Valentin).

Le pendant symbolique est celui d'une ascèse purificatrice, d'un retour aux sources, au noyau primordial intact et brillant d'une âme limpide, vivant dans une éclatante clarté paradisiaque, dans le moment béni de la rédemption. Cette eau lustrale, si on parvient à la trouver, est inépuisable : l'eau de la « profonde fontaine ne manque jamais » (Basile Valentin). Et la Pierre devient fontaine, exsude elle-même un liquide, une rosée, voire des larmes comme au vers clé de notre texte, qui exprime le thème traditionnel du caractère vivant, et vivifiant, de la Pierre. Comme nous l'indique *le Filet d'Ariadne,* un autre traité contemporain de la publication de celui de Jean Béguin, « il y a deux manières de la Pierre : savoir la prochaine qui est l'argent-vif ; et la matière éloignée, qui est l'eau, d'autant qu'elle a été eau auparavant qu'être argent-vif ».

À l'opération, physique et spirituelle, évoquée par notre texte, suffira une seule force extérieure au système, et servant d'auxiliaire : « C'est de quoi vous devez vous souvenir principalement. »

« Il ne lui faut qu'une lente chaleur externe » (par *lente,* entendez « maintenue longtemps, et peu intense »). À quoi répond cette « lente chaleur externe » du vers 13 ? Au vers 11 : « Elle s'échauffe si fort par soi-même », qui décrit proprement ce qu'un chimiste d'aujourd'hui qualifierait, à coup sûr, de réaction exothermique, mais qui, pour les alchimistes, revêtait une intense signification.

Les vers 11 et 13 contrastent deux chaleurs : l'une, *lente* et *externe,* telle celle des cendres sur lesquelles « l'Œuf philosophal demeure assis, et qui a une chaleur douce provenant de la tempérée vapeur de la lampe » *(Dictionnaire hermétique)*; l'autre, échauffement *violent* et *interne* de la Pierre au contact de son liquide de dissolution, qu'elle génère elle-même de manière suicidaire. Ce second feu, qualifié par les alchimistes de *feu naturel,* sécrété par la Pierre et secret, est également qualifié fréquemment d'*eau sèche.* Il s'agit d'un opérateur universel, absolument indispensable à l'Œuvre et que, au XVIe siècle, l'Allemand Gerhard Dorn décrivait comme un « feu vaporeux, nébuleux, durable, capable de permettre digestion et cuisson, qui ne fasse pas de flammes, qui ne réalise ni volatilisation ni ébullition, mais qui soit enfermé et entouré d'air, qui ne consume ni ne détruise, mais qui altère et pénètre », « un feu corrosif qui recouvre en quelque sorte l'air au-dessus de notre vaisseau d'un nuage », ou encore une « *rosée du chaos* ».

Ce feu, celui du Soleil à en croire le *Dictionnaire hermétique,* est celui de l'énergie cosmique, d'un plasma pulsatile dont le battement harmonieux, réglé, anime l'univers. C'est par ce feu que s'échauffe la Pierre, qui vient à en *suer des larmes,* suivant la forte expression du vers 12.

Le poème incite à la dissolution du corps comme préparation à l'exhalaison de l'âme ou de l'esprit. Et, à sa charnière, là où il s'entrouvre et nous laisse deviner ses multiples sens, l'expression « en süe des larmes » doit être prise comme une évidente allusion au Golgotha. Suer des larmes : le troisième terme, absent de ce « Traité du Sel », puisqu'il décrit la phase de l'élaboration alchimique connue comme Œuvre au noir, l'autre humeur évoquée à l'évidence par cette conjonction de la sueur et des larmes, c'est le sang du Christ. Le but de l'Œuvre est l'avènement final du rouge du sang christique, faisant suite à la mortification de l'Œuvre au noir, dans lequel la souffrance a une fonction initiatrice. À ce stade de l'Œuvre au noir, le sang n'apparaît pas explicitement et le rouge reste dissimulé.

La convergence du discours alchimique et du discours chrétien sur des thèmes christiques n'était pas accidentelle, elle s'apparentait au moins à une alliance tactique !

Le propre du discours alchimique est une présentation qui bouscule la logique, inverse la perspective, sens dessus dessous. À en croire *la Table d'émeraude*, ici paraphrasée par Basile Valentin, « Fais que ce qui est en haut soit en bas, et ce qui est visible invisible, palpable impalpable, et, derechef, fais que ce qui est en bas soit fait de ce qui est en haut, de l'invisible le visible, de l'impalpable le palpable. Cela est tout l'art [...]. »

De même, le texte du poème, écartelé entre de semblables oppositions (convenable/sophistique, cacher/découvrir, interne/externe, dessus/dessous, noir/blanc), organise-t-il une circulation de la lecture entre les quatre éléments primordiaux : l'eau s'allie avec le feu (rouge) pour aboutir, en passant par les ténèbres de la mélancolie, à l'air d'un jour à l'éclatante blancheur ; et ce, au moyen d'opérations réalisées sur la Pierre, qui participe de l'élément terre. Comme l'explique Guillaume Salmon, dans son *Dictionnaire hermétique,* « mettre le dessus dessous et le dessous dessus, c'est changer les natures, c'est-à-dire les éléments, ou faire sec ce qui est humide, et ce qui est corps le faire esprit ».

Prenons un exemple, un seul : essayons une opération d'inversion systématique. Qu'est-ce que ça donne ? Quelque chose de ce genre :

> Tout en bas, la couleur blanche ;
> En haut, une émanation, ou esprit, noire ;
> Une forte chaleur interne ;
> D'un liquide de dissolution on voit se concrétiser une pierre ;
> Elle se refroidit d'elle-même ;
> Elle apparaît maintenant à l'adepte ;
> Elle émet une petite fontaine ;
> Il faut ajouter un agent corrosif ;
> Et on aura ainsi coagulé la pierre.

Constatons simplement qu'un tel décodage, aussi brutal que simpliste, peut fonctionner.

Concluons. J'ai fait apparaître un peu de la pluralité des sens. Récapitulons-les :

– Mortifier le corps pour exalter l'esprit : règle mystique.

– La mort du Christ préfigure le Jugement dernier, lorsque les justes iront au paradis et les méchants en enfer : théologie.

– Au début était l'eau ; la terre a émergé des eaux ; la terre s'est réchauffée et l'eau a ruisselé sur la terre ; la lumière s'est séparée d'avec les ténèbres... : cosmogonie.

– Au contact d'un solvant, le solide (la pierre) subit une réaction, ou transition de phase, fortement exothermique, avec apparition d'un liquide, suivie d'un dégagement de vapeurs blanches et d'un précipité, ou de fumées noires plus lourdes : chimie.

– Accélérer le cœur pour stimuler le cerveau : iatrochimie, c'est-à-dire médecine.

À l'inverse, la lecture du texte alchimique (comme de tout texte littéraire) exige de rassembler et de maintenir l'union des diverses significations. On se collette avec des textes protéiformes, changeant à chaque lecture, en fonction des éclairages que tel ou tel point de vue donne, tour à tour.

J'espère au moins vous avoir convaincu qu'on peut y prendre du plaisir, en dépit de la difficulté !

BIBLIOGRAPHIE

L. BRAUN, *Paracelse,* Genève, Slatkine, 1990.

M. ELIADE, *Forgerons et Alchimistes,* Flammarion, coll. « Champs », 1977.

A. FAVRE, *Toison d'or et Alchimie,* Milan, Archè, 1990.

B. GORCEIX, *Alchimie. Textes allemands du* XVIe *siècle,* Fayard, 1980.

R. HALLEUX, *Les Alchimistes grecs. Papyrus de Leyde, Papyrus de Stockholm, Recettes,* Les Belles Lettres, 1981.

S. HUTIN, *La Vie quotidienne des alchimistes au Moyen Âge,* Hachette, 1977.

C.G. JUNG, *Psychologie et Alchimie,* Buchet-Chastel, 1971.

S. KLOSSOWSKI DE ROLA, *Alchimie. Florilège de l'art secret,* Éd. du Seuil, 1974.

A. KOYRÉ, *Mystiques, Spirituels, Alchimistes du* XVIe *siècle allemand,* Gallimard, coll. « Idées », 1971.

A. SAVORÉ *et al.*, éd., *Alchimie,* Albin Michel, coll. « Cahiers de l'hermétisme », 1978.

TABLE DES MATIÈRES

Imprimé en France par I.M.E. - 25110 Baume-les-Dames

N° d'édition : 96005/35797
N° d'imprimeur : 10356
Dépôt légal : 3111, février 1996
ISBN : 2.01.235190.5
23-77-5190-01/6